新时代背景下大数据与会计专业人才培养及教学改革

李小花 ◎ 著

吉林出版集团股份有限公司

图书在版编目（CIP）数据

新时代背景下大数据与会计专业人才培养及教学改革/
李小花著. — 长春 ： 吉林出版集团股份有限公司，
2022.4

ISBN 978-7-5731-1390-0

Ⅰ．①新… Ⅱ．①李… Ⅲ．①数据处理－人才培养－
培养模式－研究－中国②会计学－人才培养－培养模式－
研究－中国 Ⅳ．①TP274②F230

中国版本图书馆 CIP 数据核字 (2022) 第 053682 号

新时代背景下大数据与会计专业人才培养及教学改革

著　者	李小花
责任编辑	陈瑞瑞
封面设计	林　吉
开　本	787mm×1092mm　　1/16
字　数	230 千
印　张	10.5
版　次	2022 年 4 月第 1 版
印　次	2022 年 4 月第 1 次印刷
出版发行	吉林出版集团股份有限公司
电　话	总编办：010-63109269
	发行部：010-63109269
印　刷	北京宝莲鸿图科技有限公司

ISBN 978-7-5731-1390-0　　　　　　　　定价：68.00 元

前　言

　　云计算、电子银行、各类电子商务平台、信息通信技术等从兴起到被大众熟知只经历了短短十几年，互联网技术快速普及并融入社会经济各领域。在互联网经济十分繁荣的大数据时代，"互联网＋"为传统会计业务的进一步发展注入了新鲜的血液，企业对会计专业人才的职业需求正在发生改变。同时因为会计行业的市场背景已经发生了翻天覆地的改变，所以高校应该就大数据背景下的会计专业进行教改，因为人才是社会的第一发展力，所以人才培养方向是非常重要的，人才培养方向能够在一定程度上决定人才培养是否成功，所以必须先明确人才培养方向，再规划人才培养方案，最后再实施人才培养方案，并根据人才培养方案实施过程中出现的问题，不断进行调整，以确保人才培养结果足够理想，本书也围绕会计专业的人才培养提出了一定的建议。

　　本书首先概述了大数据的基本内容，然后分析了企业财务会计相关理论、企业会计应用型人才培养四位一体驱动模式，最后详细探讨了新时代背景下大数据的企业财务体系构建、新时代背景下大数据企业投资决策的优化、新时代背景下大数据对会计工作的影响及对策、新时代背景下大数据企业财务管理挑战与变革以及新时代背景下大数据企业财务风险预警与管理等相关内容。

　　在本书的编写过程中，参考借鉴了国内外学者的大量研究成果，在此对这些学者表示衷心的感谢。同时，由于时间及笔者水平所限，本书难免存在不足之处，我们真诚地希望读者对本书提出宝贵的意见和建议。

目　录

第一章 大数据的基本概述

第一节 大数据的定义和特点

一、大数据的定义

随着社会化网络的兴起以及云计算、移动互联网和物联网等新一代信息技术的广泛应用，全球数据量呈现出前所未有的增长态势。大数据带来的信息风暴正在逐渐改变我们的生活环境、工作习惯和思维方式。我们看到在商业、经济、医药卫生及其他领域中决策日益基于数据和分析而做出，而并非仅仅基于经验和直觉。大数据是近年来科学研究的核心所在，其已成为信息时代新阶段的标志，是大型信息系统和互联网的产物，是实现创新驱动发展战略的重要机遇。大数据的发展与应用，将对社会的组织结构、国家治理模式、企业的决策机构、商业的业务策略以及个人的生活方式产生深刻的影响。2012 年 3 月，美国政府将"大数据战略"提升为最高国家发展策略，将大数据定义为"新石油"，把对数据的占有与控制作为陆海空权之外的新国家核心能力。

对于"大数据"（Big data），研究机构 Gartner 给出了这样的定义：大数据（Big Data，Mega Data）是指那些需要利用新处理方法才能通过数据体现出更强决策力、洞察力和流程优化能力的海量、高增长率和多样化的信息资产。

从认识论的角度说，科学始于数据。人类历史上的大数据，源于科技领域，确切地说源于大科学研究。全球逾 8 000 位物理学家在位于瑞士的欧洲核子研究中心合作兴建了大型强子对撞机，2008 年试运行后，数据量即达 25PB/ 年，2020 年建成后将达 200PB/ 年，他们率先创建了"大数据"的概念。旨在测定人类基因组 30 亿碱基遗传密码的基因组计划，进行个体基因组测定时，数据量即已高达 13PB/ 年。而此计划后，学界受其鼓舞开展了一系列遗传背景迥异、不同疾病群体以及大量其他物种的基因组测序，数据量迅速逼近 ZB 级（是 PB 的百万倍），不约而同地创造了"大数据"概念。今天人们常用的互联网最初就是这些领域的科学家为解决海量数据传输而发明的。

传统哲学认识论是以人为主体，而在大数据背景下的认识论主体发生了分化，即认识论主体的意向方和实施方分离，意向方仍然是人类，而实施方则由人类变成了机器，意向方和实施方各自承担着自己的需求职责，认识的动机和目的发生了相应的变化，任何人只关注对自己有用的信息，而机器提供可视化分析，形成大数据认知外包的特性。

大数据通过海量数据来发现事物之间的相互关系，通过数据挖掘从海量数据中寻找蕴藏其中的数据规律，并利用数据之间的相互关系来解释过去、预测未来，从而实现新的数据规律对传统因果规律的补充。大数据能预测未来，但作为认识论主体意向方的人类只关注预测的结果，而忽视了预测的解释，这其在就造成了预测能力强、解释能力弱的局面。

大数据模型和统计建模有本质的区别。就科学研究中的地位来说，统计建模常常是经验研究和理论研究的配角和检验者；而在大数据的科学研究中，数据模型就是主角，模型承担了科学理论的角色。就数据类型来说，统计建模的数据通常是精心设计的实验数据，具有较高的质量；而大数据则是海量数据，往往类型繁多，质量参差不齐。就确立模型的过程来说，统计建模的模型是根据研究问题而确定的，目标变量预先已经确定好了；大数据中的模型则是通过海量数据确定的，且部分情况下目标变量并不明确。就建模驱动不同来说，统计建模是验证驱动，强调的是先有设计再通过数据验证设计模型的合理性；而大数据模型是数据驱动，强调的是建模过程以及模型的可更新性。

大数据思维是指一种意识，认为公开的数据一旦处理得当就能为千百万人急需解决的问题提供答案。量化思维：大数据是直觉主义到量化思维的变革，在大数据量化思维中一切皆是可量化的，大数据技术通过智能终端、物联网、云计算等技术手段来"量化世界"，从而将自然、社会、人类的一切状态、行为都记录并存储下来，形成与物理足迹相对应的数据足迹。全局思维：是指大数据关注全数据样本，大数据研究的对象是所有样本，而非抽样数据，关注样本中的主流，而非个别，这表征大数据的全局和大局思维。开放共享、数据分享、信息公开在分享资源的同时，也在释放善意，取得互信，在数据交换的基础上产生合作，这将打破传统封闭与垄断，形成开放、共享、包容、合作思维。大数据不仅关注数据的因果关系，更多的是相关性，提高数据采集频度，而放宽了数据的精确度，容错率提高，用概率看待问题，使人们的包容思维得以强化。关联思维、轨迹思维：每一天，我们的身后都拖着一条由个人信息组成的长长的"尾巴"。我们点击网页、切换电视频道、驾车穿过自动收费站、用信用卡购物、使用手机等行为——这些过去完全被忽略的信息，都通过各种方式被数据化地记录了下来，全程实时追踪数据轨迹，管理数据生命周期，保证可靠的数据源头、畅通的数据传递、精准的数据分析、友好可读的数据呈现。预测思维：预测既是大数据的核心，也是大数据的目标。

从技术上理解，大数据是一次技术革新，对大数据的整合、存储、挖掘、检索、决策生成都是传统的数据处理技术无法顺利完成的，新技术的发展和成熟加速了大数据时代的来临，如果将数据比作肉体，那技术就是灵魂。大数据时代，数据、技术、思维三足鼎立。《大数据时代》的作者维克托认为大数据使我们真正拥有了决定性的价值资源，它是新的黄金。值得注意的是，大数据的意义不在于掌握海量的数据，而是通过数据挖掘等手段对其进行专业地分析来实现数据的"增值"。

大数据可分成大数据技术、大数据工程、大数据科学和大数据应用等领域。目前人们谈论最多的是大数据技术和大数据应用，工程和科学问题尚未被重视。大数据工程指大数据的规划建设、运营管理的系统工程；大数据科学关注在大数据网络发展和运营过程中发现和验证的大数据的规律，及其与自然和社会活动之间的关系。

物联网、云计算、移动互联网、车联网、手机、平板电脑、pe以及遍布地球各个角落的各种各样的传感器，无一不是数据来源或者承载的方式。

大数据的核心价值在于其可以对海量数据进行存储和分析。相比现有的其他技术而言，大数据的"廉价、迅速、优化"这三方面的综合成本是最优的。大数据必将是一场新的技术信息革命，我们有理由相信未来人类的生活、工作也将随大数据革命而产生革命性的变化。

二、大数据的特点

数据分析需要从纷繁复杂的数据中发现规律并提取新的知识，其是大数据价值挖掘的关键。经过数据的计算和处理，所得的数据便成为数据分析的原始数据，根据所需数据的应用需求对数据进行进一步的处理和分析，最终找到数据内部隐藏的规律或者知识，从而体现数据的真正价值。大数据的分析技术必须紧紧围绕大数据的特点开展，只有这样才能确保从海量、冗杂的数据中得到有价值的信息。

维克托·迈尔·舍恩伯格及肯尼斯·库克耶编写的《大数据时代》中，大数据一般具有 4V 特点：Volume（大量）、Velocity（高速）、Variety（多样）、Value（价值）。具体来讲，大数据具有如下特点。

1. 数据体量巨大

大数据通常指 10TB（1TB=1024GB）规模以上的数据量，之所以产生如此巨大的数据量有以下三个方面的原因：一是各种仪器的使用，使用户能够感知到更多的事物，从而这些事物的部分甚至全部数据就可以被存储下来；二是通信工具的使用，使人们能够全时段地联系，机器—机器（M2M）方式的出现，使得交流的数据量成倍增长；三是集成电路价格降低，使很多电子设备都拥有了智能模块，这些智能模块在使用过程中依赖或产生大量的数据存储。

2. 流动速度快

数据流动速度一般是指数据的获取、存储以及挖掘有效信息的速度。计算机的数据处理规模已从 TB 级上升到 PB 级，数据是快速动态变化的，形成流式数据是大数据的重要特征，数据流动的速度快到难以用传统的系统去处理。

3. 数据种类繁多

随着传感器种类的增多以及智能设备、社交网络等的流行，数据类型也变得更加复杂，不仅包括传统的关系数据类型，也包括以网页、视频、音频、E-mail、文档等形式存在的未加工的、半结构化的和非结构化的数据。

4. 价值密度低

数据量呈指数增长的同时，隐藏在海量数据中的有用信息却没有以相应比例增长，反而使获取有用信息的难度加大。以视频为例，在连续的监控过程中，可能有用的数据仅有一两秒。大数据"4V"特征表明其不仅仅是数据海量，对于大数据的分析也将更加复杂，更追求速度，更注重实效。

第二节　大数据发展的背景

一、大数据产生的背景

大数据似乎在一夜之间悄然而至，并迅速走红。大数据在 2012 年进入主流大众的视野，人们把 2012 年称为"大数据的跨界年度"。经过各方面的分析，大数据之所以进入人们的视野，缘于三种趋势的合力。

第一，随着互联网的发展，许多高端消费公司为了提供更先进、更完美的服务，加大了对大数据的应用。

比如"脸谱"就使用大数据来追踪用户，然后通过"搜索和识别你所熟知的人"给出好友推荐建议。用户的好友数目越多，他对"脸谱"的信任度就越高。好友越多，同时也意味着用户分享的照片越多，发布的状态更新越频繁，玩的游戏越多样化。后文会提到，"脸谱"因此在和同行的竞争中占得了先机。

商业社交网站领英则使用大数据为求职者和招聘单位建立关联。有了领英，猎头公司就不再需要对潜在人才进行烦琐的识别和访问，只需一个简单的搜索，他们就可以找到潜在人才，并与他们进行联系。同样，求职者也可以通过联系网站上的其他人，将自己推销给潜在的人力资源负责人，入职自己中意的公司。

杰夫·韦纳是领英的首席执行官，他在谈到该网站的未来发展时提到一个经济图表，这是一个能实时识别"经济机会趋势"的全球经济数字图表，他说，实现该图表及其预测能力时所面临的挑战就是一个大数据问题。

可以看出，大家都在利用大数据产生效益，反过来，利用大数据的人就成了催生大数据时代到来的力量之一。

第二，人们在无形中纷纷为大数据投资。

还是以实际的公司为案例。"脸谱"与领英两家公司都是在2012年上市的。"脸谱"在纳斯达克上市，领英在纽约证券交易所上市。从表面上来看，这两家公司都是消费品公司，而实质上，它们都是利用大数据吃饭的企业。除了这两家公司以外，Splunk公司（一家为大中型企业提供运营智能的大数据企业）也在2012年完成了上市。这些企业的公开上市使得华尔街对大数据业务的兴趣非常浓厚。因此，硅谷的一些风险投资家开始前赴后继地为大数据企业提供资金，这给大数据的发展提供了前所未有的良机。大数据将引发下一波重大转变，在这场转变中，硅谷有望在未来几年取代华尔街。

作为"脸谱"的早期投资者，加速合伙公司在2011年底宣布为大数据提供一笔不小的投资，2012年初，加速合伙公司支出了第一笔投资。著名的风险投资公司格雷洛克合伙公司也针对这一领域进行了大量的投资。

第三，商业用户和其他以数据为核心的消费产品，也开始期待以一种同样便捷的方式来获得大数据的使用体验。

我们在网上看电影、买产品——这些已经成为现实。既然互联网零售商可以为用户推荐一些阅读书目、电影和产品，为什么这些产品所在的企业却做不到呢？举个例子说，为什么房屋租赁公司不能明智地决定将哪一栋房屋提供给租房人呢？毕竟，该公司拥有客户的租房历史和现有可用租房屋的库存记录。随着新技术的出现，公司不仅能了解到特定市场的公开信息，还能了解到有关会议、重大事项及其他可能会影响市场需求的信息。通过将内部供应链与外部市场数据相结合，公司可以更加精确地预测出可租的房屋类型和可用时间。

类似地，通过将这些内部数据和外部数据相结合，零售商每天都可以利用这种混合式数据确定产品价格和摆放位置。通过考虑从产品供应到消费者的购物习惯这一系列事件的数据（包括哪种产品卖得比较好），零售商就可以提升消费者的平均购买量，从而获得更高的利润。所以，商业用户也成了推动大数据发展的动力之一。

从我们所举的例子看，好像是少数的几家公司推动了大数据的产生，的确是这样。

但总地来说，大数据的产生既是时代发展的结果，也是利益驱使的结果。当然，那些小公司的发展，乃至个人的服务需求也在为大数据的产生添砖加瓦，只是单个个体的效果不明显，但反映在整个大数据产业中依然是巨大的，其中的道理不再多说了。

二、大数据的发展背景

早在2010年12月，美国总统办公室下属的科学技术顾问委员会（PCAST）和信息技术顾问委员会（PITAC）向奥巴马和国会提交了一份《规划数字化未来》的战略报告，把大数据收集和使用的工作提升到体现国家意志的战略高度。报告列举了五个贯穿各个科技领域的共同挑战，而第一个最重大的挑战就是"数据"问题。报告指出，"如何收集、保存、管理、分析、共享正在呈指数增长的数据是我们必须面对的一个重要挑战"。报告建议,"联邦政府的每一个机构和部门,都需要制定一个'大数据'的战略"。2012 年 3 月,美国总统奥巴马签署并发布了一个"大数据研究发展创新计划"(Big Data R&D Initiative),由美国国家自然基金会(NSF)、卫生健康总署(NIH)、能源部(DOE)、国防部(DOD)等 6 大部门联合,投资 2 亿美元启动大数据技术研发,这是美国政府继 1993 年宣布"信息高速公路"计划后的又一次重大科技发展部署。美国白宫科技政策办公室还专门支持建立了一个大数据技术论坛,鼓励企业和组织机构间的大数据技术交流与合作。

2012 年 7 月,联合国在纽约发布了一本关于大数据政务的白皮书《大数据促发展:挑战与机遇》,全球大数据的研究和发展进入了前所未有的高潮。这本白皮书总结了各国政府如何利用大数据响应社会需求,指导经济运行,更好地为人民服务,并建议成员国建立"脉搏实验室"(Pulse Labs),挖掘大数据的潜在价值。

由于大数据技术的特点和重要性,目前国内外已经出现了"数据科学"的概念,数据处理技术将成为一个与计算科学并列的新的科学领域。已故著名图灵奖获得者吉姆·格雷在 2007 年的一次演讲中提出,"数据密集型科学发现"(Data-IntensiveScientifce Discovery)将成为科学研究的第四范式,科学研究将从实验科学、理论科学、计算科学,发展为目前兴起的数据科学。

为了紧跟全球大数据技术发展的浪潮,我国政府、学术界和工业界对大数据也予以了高度的关注。央视著名节目《对话》于 2013 年 4 月 14 日和 21 日邀请了《大数据时代——生活、工作与思维的大变革》作者维克托·迈尔·舍恩伯格,以及美国大数据存储技术公司 LSI 总裁阿比分别做客《对话》,做了两期大数据专题谈话节目"谁在引爆大数据""谁在掘金大数据",国家央视媒体对大数据的关注和宣传体现了大数据技术已经成为国家和社会普遍关注的焦点。

国内的学术界和工业界也都迅速行动,广泛开展大数据技术的研究和开发。2013 年以来,国家自然科学基金、973 计划、核高基、863 等重大研究计划都已经把大数据研究列为重大的研究课题。为了推动我国大数据技术的研究发展,2012 年中国计算机学会(CCF)发起组织了 CCF 大数据专家委员会,CCF 专家委员会还特别成立了一个"大数据技术发展战略报告"撰写组,并撰写发布了《2013 年中国大数据技术与产业发展白皮书》。

大数据在带来巨大技术挑战的同时,也带来巨大的技术创新与商业机遇。不断积累的大数据包含了很多在小数据量时不具备的深度知识和价值,大数据分析挖掘将能为行业或企业带来巨大的商业价值,实现各种高附加值的增值服务,进一步提升行业或企业的经济效益和社会效益。由于大数据隐含着巨大的深度价值,美国政府认为大数据是"未来的新石油",对未来的科技与经济发展将带来深远影响。因此,在未来,一个国家拥有数据的规模和运用数据的能力将成为综合国力的重要组成部分,对数据的占有、控制和运用也将成为国家间和企业间新的争夺焦点。

大数据的研究和分析应用具有十分重大的意义和价值。被誉为"大数据时代预言家"

的维克托·迈尔·舍恩伯格在其《大数据时代》一书中列举了大量翔实的大数据应用案例，并分析预测了大数据的发展现状和未来趋势，提出了很多重要的观点和发展思路。他认为"大数据开启了一次重大的时代转型"，指出大数据将带来巨大的变革，改变我们的生活、工作和思维方式，改变我们的商业模式，影响我们的经济、政治、科技和社会等各个层面。

由于大数据行业应用需求日益增长，未来越来越多的研究和应用领域将需要使用大数据并行计算技术，大数据技术将渗透到每个涉及大规模数据和复杂计算的应用领域。不仅如此，以大数据处理为中心的计算技术将对传统计算技术产生革命性的影响，广泛影响计算机体系结构、操作系统、数据库、编译技术、程序设计技术和方法、软件工程技术、多媒体信息处理技术、人工智能以及其他计算机应用技术，并与传统计算技术相互结合产生很多新的研究热点和课题。

大数据给传统的计算技术带来了很多新的挑战。大数据使得很多在小数据集上有效的传统的串行化算法在对大数据处理时难以在可接受的时间内完成计算，同时大数据还有较多噪音、样本稀疏、样本不平衡等特点，使得现有的很多机器学习算法有效性降低。因此，微软全球副总裁陆奇博士在 2012 年全国第一届"中国云/移动互联网创新大奖赛"颁奖大会主题报告中指出，"大数据使得绝大多数现有的串行化机器学习算法都要重写"。

大数据技术的发展将给我们研究计算机技术的专业人员带来新的挑战和机遇。目前，国内外 IT 企业对大数据技术人才的需求正快速增长，未来 5—10 年内业界将需要大量的掌握大数据处理技术的人才。IDC 研究报告指出，"下一个 10 年里，世界范围的服务器数量将增长 10 倍，而企业数据中心管理的数据信息将增长 50 倍，企业数据中心需要处理的数据文件数量将至少增长 75 倍，而世界范围内 IT 专业技术人才的数量仅能增长 1.5 倍"。因此，未来 10 年里大数据处理和应用需求与能提供的技术人才数量之间将存在一个巨大的差距。目前，由于国内外高校开展大数据技术人才培养的时间不长，技术市场上掌握大数据处理和应用开发技术的人才十分短缺，因而这方面的技术人才十分抢手，供不应求。国内几乎所有著名的 IT 企业，如百度、腾讯、阿里巴巴和淘宝、奇虎 360 等，都大量需要大数据技术人才。

第三节　大数据发展历程

当前，全球大数据正进入加速发展时期，技术产业与应用创新不断迈向新高度。大数据通过数字化丰富要素供给，通过网络化扩大组织边界，通过智能化提升产出效能，不仅是推进网络强国建设的重要领域，更是新时代加快实体经济质量变革、效率变革、动力变革的战略依托。本节聚焦近期大数据在各领域的进展和趋势，梳理主要问题并进行展望。在技术方面，重点探讨了近两年最新的大数据技术及其融合发展趋势；在产业方面，重点讨论了中国大数据产品的发展情况；在数据资产管理方面，介绍了行业数据资产管理、数据资产管理工具的最新发展情况，并着重探讨了数据资产化的关键问题；在安全方面，从多个角度分析了大数据面临的安全问题和技术工具。

一、国际大数据发展概述

近年，全球大数据的发展仍处于活跃阶段。根据国际权威机构 statist 的统计和预测，全球数据量在 2019 年有望达到 41ZB。

2019 年以来，全球大数据技术、产业、应用等多方面的发展都呈现了新的趋势，也正在进入新的阶段。下面笔者将对国外大数据战略、技术、产业等领域的最新进展进行简要叙述。

（一）大数据战略持续拓展

相较于几年前，2019 年国外大数据发展在政策方面略显平淡，只有美国的《联邦数据战略第一年度行动计划（Federal Data Strategy Year-1 Action Plan）》草案比较受关注。2019 年 6 月 5 日，美国发布了《联邦数据战略第一年度行动计划》草案，这个草案包含了每个机构开展工作的具体可交付成果，以及由多个机构共同协作推动的政府行动，旨在编纂联邦机构如何利用计划、统计和任务支持数据作为战略资产来发展经济、提高联邦政府的效率、促进监督和提高透明度。

相对于三年前颁布的《联邦大数据研发战略计划》，美国对数据的重视程度继续提升，并出现了聚焦点从"技术"到"资产"的转变，其中更是着重提到了金融数据和地理信息数据的标准统一问题。此外，配套文件中"共享行动——政府范围内的数据服务"成为亮点，针对数据跨机构协同与共享，从执行机构到时间节点都进行了战略部署。

早些时候，欧洲议会通过了一项决议，敦促欧盟及其成员国创造一个"繁荣的数据驱动经济"。该决议预计，到 2020 年，欧盟 GDP 将因更好地使用数据而增加 1.9%。但遗憾的是，据统计目前只有 1.7% 的公司充分利用了先进的数字技术。

拓宽和深入大数据技术应用是各国数据战略的共识。据了解，美国 2020 年人口普查有望采用差分隐私等大数据隐私保护技术来提高对个人信息的保护。英国政府统计部门正在探索利用交通数据，通过大数据分析及时跟踪英国经济走势，提供预警服务，帮助政府进行精准决策。

（二）大数据底层技术逐步成熟

近年来，大数据底层技术发展呈现出逐步成熟的态势。在大数据发展的初期，技术方案主要聚焦于解决数据"大"的问题，Apache Hadoop 定义了最基础的分布式批处理架构，打破了传统数据库一体化的模式，将计算与存储分离，聚焦于解决海量数据的低成本存储与规模化处理。Hadoop 凭借其友好的技术生态和扩展性优势，一度对传统大规模并行处理（Massively Parallel Processor，MPP）数据库的市场造成了影响。但当前 MPP 在扩展性方面不断突破（2019 年中国信通院大数据产品能力评测中，MPP 大规模测试集群规模已突破 512 节点），使得 MPP 在海量数据处理领域又重新获得了一席之位。

MapReduce 暴露的处理效率问题以及 Hadoop 体系庞大复杂的运维操作，推动计算框架不断进行着升级演进。随后出现的 Apache Spark 已逐步成为计算框架的事实标准。在解决了数据"大"的问题后，数据分析时效性的需求愈发突出，Apache Flink、Kafka Streams、Spark Structured Streaming 等近年来备受关注的产品为分布式流处理的基础框架打下了基础。在此基础上，大数据技术产品不断分层细化，在开源社区形成了丰富的技术栈，覆盖存储、计算、分析、集成、管理、运维等各个方面。据统计，目前大数据相关开源项目已达上百个。

（三）大数据产业规模平稳增长

国际机构 Statista 在 2019 年 8 月发布的报告显示，到 2020 年，全球大数据市场的收入规模预计将达到 560 亿美元，较 2018 年的预期水平增长约 33.33%，较 2016 年的市场收入规模翻一倍。随着市场整体的日渐成熟和新兴技术的不断融合发展，未来大数据市场将呈现稳步发展的态势，增速维持在 14% 左右。在 2018—2020 年的预测期内，大数据市场整体的收入规模将保持每年约 70 亿美元的增长，复合年均增长率约为 15.33%。

从细分市场来看，大数据硬件、软件和服务的市场规模均保持较稳定的增长，预计到 2020 年，三大细分市场的收入规模将分别达到 150 亿美元（硬件）、200 亿美元（软件）、210 亿美元（服务）。具体来看，2016—2017 年，软件市场规模增速达到了 37.5%，在数值上超过了传统的硬件市场。随着机器学习、高级分析算法等技术的成熟与融合，更多的数据应用和场景正在落地，大数据软件市场将继续高速增长。预计在 2018—2020 年间，每年约有 30 亿美元的增长规模，复合年均增长率约为 19.52%。大数据相关服务的规模始终最高，预计在 2018—2020 年间的复合年均增长率约为 14.56%。相比之下，硬件市场增速最低，但仍能保持约 11.8% 的复合年均增长率。从整体占比来看，软件规模占比将逐渐增加，服务相关收益将保持平稳发展的趋势，软件与服务之间的差距将不断缩小，而硬件规模在整体的占比则逐渐减小。

（四）大数据企业加速整合

近两年来，国际上具有影响力的大数据公司也发生了一些变化。2018 年 10 月，美国大数据技术巨头 Cloudera 和 Hortonworks 宣布合并。在 Hadoop 领域，两家公司的合并意味着"强强联手"，而在更加广义的大数据领域，则更像是"抱团取暖"。但毫无疑问，这至少可以帮助两家企业结束近十年的竞争，并且依靠垄断地位早日摆脱长期亏损的窘况。而从第三方的角度来看，这无疑会影响整个 Hadoop 的生态。开源大数据目前已经成为互联网企业的基础设施，两家公司合并意味着 Hadoop 的标准将更加统一，长期来看新公司的盈利能力也将大幅提升，并将更多的资源用于新技术的投入。从体量和级别上来看，新公司将基本代表 Hadoop 社区，其他同类型企业将很难与之竞争。

2019 年 8 月，惠普（HPE）收购大数据技术公司 MapR 的业务资产，包括 MapR 的技术、知识产权以及多个领域的业务资源等。MapR 创立于 2009 年，属于 Hadoop 全球软件发行版供应商之一。专家普遍认为，企业组织越来越多以云服务形式使用数据计算和分析产品是 MapR 需求减少的重要原因之一。用户需求正从采购以 Hadoop 为代表的平台型产品，转向结合云化、智能计算后的服务型产品。这也意味着，全球企业级 IT 厂商的战争已经进入到一个新阶段，即满足用户从平台产品到云化服务，再到智能解决方案的整体需求。

（五）数据合规要求日益严格

近两年来，各国对数据合规性方面的重视程度越来越高，但数据合规的进程仍任重道远。2019 年 5 月 25 日，旨在保护欧盟公民的个人数据、对企业的数据处理提出了严格要求的《通用数据保护条例》（GDPR）实施满一周年，于数据保护相关的案例与公开事件数量攀升，同时也引起了诸多争议。

牛津大学的一项研究发现，GDPR 实施满一年后，未经用户同意而设置的新闻网站上的 Cookies 数量下降了 22%。欧盟 EDPB 的报告显示，GDPR 实施一年以来，欧盟当局收到了约 145000 份与数据安全相关的投诉和问题举报，共判处 5500 万欧元行政罚款，苹果、微软、Twitter、WhatsApp、Instagram 等企业也都遭到调查或处罚。

GDPR 正式实施之后，带来了全球隐私保护立法的热潮，并成功提升了社会各领域对于数据保护的重视。例如，2020 年 1 月起，美国加州消费者隐私法案（CCPA）也将正式生效。与 GDPR 类似，CCPA 将对所有和美国加州居民有业务数据的商业行为进行监管。CCPA 在适用监管的标准上比 GDPR 更宽松，但是一旦满足被监管的标准，违法企业受到的惩罚更大。2019 年 8 月份，IAPP（世界上信息隐私方面的专业协会）、One Trust（第三方风险技术平台）对部分美国企业进行了 CCPA 准确度调查，结果显示，74% 的受访者认为他们的企业应该遵守 CCPA，但只有大约 2% 的受访者认为他们的企业已经完全做好了应对 CCPA 的准备。除加州 CCPA 外，更多的法案正在美国纽约等多个州陆续生效。

二、融合成为大数据技术发展的重要特征

当前，大数据体系的底层技术框架已基本成熟。大数据技术正逐步成为支撑型的基础设施，其发展方向也开始向提升效率转变，逐步向个性化的上层应用聚焦，技术的融合趋势愈发明显。下面笔者将针对当前大数据技术的几大融合趋势进行探讨。

（一）算力融合：多样性算力提升整体效率

随着大数据应用的逐步深入，场景愈发丰富，数据平台开始承载人工智能、物联网、视频转码、复杂分析、高性能计算等多样性的任务负载。同时，数据复杂度不断提升，以高维矩阵运算为代表的新型计算范式具有粒度更细、并行更强、高内存占用、高带宽需求、低延迟高实时性等特点，以 CPU 为底层硬件的传统大数据技术无法有效满足新业务需求，出现性能瓶颈。

当前，以 CPU 为调度核心，协同 GPU、FPGA、ASIC 及各类用于 AI 加速"xPU"的异构算力平台成为行业热点解决方案，以 GPU 为代表的计算加速单元能够极大提升新业务计算效率。不同硬件体系融合存在开发工具相互独立、编程语言及接口体系不同、软硬件协同缺失等工程问题。为此，产业界试图从统一软件开发平台和开发工具的层面来实现对不同硬件底层的兼容，如 Intel 公司正在设计支持跨多架构（包括 CPU、GPU、FPGA 和其他加速器）开发的编程模型 oneAPI，它提供一套统一的编程语言和开发工具集，来实现对多样性算力的调用，从根本上简化开发模式，针对异构计算形成一套全新的开放标准。

（二）流批融合：平衡计算性价比的最优解

流处理能够有效处理即时变化的信息，从而反映出信息热点的实时动态变化。而离线批处理则更能够体现历史数据的累加反馈。考虑到对于实时计算需求和计算资源之间的平衡，业界很早就有了 lambda 架构理论来支撑批处理和流处理共同存在的计算场景。随着技术架构的演进，流批融合计算正在成为趋势，并不断向更实时、更高效的计算推进，以支撑更丰富的大数据处理需求。

流计算的产生来源于对数据加工时效性的严苛要求。数据的价值随时间流逝而降低时，我们就必须在数据产生后尽可能快地对其进行处理，比如实时监控、风控预警等。早期流计算开源框架的典型工具是 Storm，虽然它是逐条处理的典型流计算模式，但并不能满足"有且仅有一次（Exactly-once）"的处理机制。之后的 Heron 在 Storm 上做了很多改进，但相应的社区并不活跃。同期的 Spark 在流计算方面先后推出了 Spark Streaming 和 Structured Streaming，以微批处理的思想实现流式计算。而近年来出现的 Apache Flink，则使用流处理的思想来实现批处理，很好地实现了流批融合的计算，国内包括阿里、腾讯、百度、字节跳动，国外包括 Uber、Lyft、Netflix 等公司都是 Flink 的使用者。2017 年由伯克利大学 AMPLab 开源的 Ray 框架也有相类似的思想，由一套引擎来融合多种计算模式，蚂蚁金服基于此框架正在进行金融级在线机器学习的实践。

（三）TA 融合：混合事务 / 分析支撑即时决策

TA 融合是指事务（Transaction）与分析（Analysis）的融合机制。在数据驱动精细化运营的今天，海量实时的数据分析需求无法避免。分析和业务是强关联的，但由于这两类数据库在数据模型、行列存储模式和响应效率等方面的区别，通常会造成数据的重复存储。事务系统中的业务数据库只能通过定时任务同步导入分析系统，这就导致了数据时效性不足，无法实时地进行决策分析。

混合事务／分析处理（HTAP）是 Gartner 提出的一个架构，它的设计理念是为了打破事务和分析之间的"墙"，实现在单一的数据源上不加区分的处理事务和分析任务。这种融合的架构具有明显的优势，可以避免频繁的数据搬运操作给系统带来的额外负担，减少数据重复存储带来的成本，从而及时、高效地对最新业务操作产生的数据进行分析。

（四）模块融合：一站式数据能力复用平台

大数据的工具和技术栈已经相对成熟，大公司在实战经验中围绕工具与数据的生产链条、数据的管理和应用等逐渐形成了能力集合，并通过这一概念来统一数据资产的视图和标准，提供通用数据的加工、管理和分析能力。

数据能力集成的趋势打破了原有企业内复杂的数据结构，使数据和业务更贴近，并能更快地使用数据驱动决策。主要针对性地解决三个问题：一是提高数据获取的效率；二是打通数据共享的通道；三是提供统一的数据开发能力。这样的"企业级数据能力复用平台"是一个由多种工具和能力组合而成的数据应用引擎、数据价值化的加工厂，以连接下层数据和上层数据的应用团队，从而形成敏捷的数据驱动精细化运营模式。阿里巴巴提出的"中台"概念和华为公司提出的"数据基础设施"概念都是模块融合趋势的印证。

（五）云数融合：云化趋势降低技术使用门槛

大数据基础设施向云上迁移是一个重要的趋势。各大云厂商均开始提供各类大数据产品以满足用户需求，纷纷构建自己的云上数据产品。早期的云化产品大部分是对已有大数据产品的云化改造，现在，越来越多的大数据产品从设计之初就遵循了云原生的概念进行开发，生于云长于云，更适合云上生态。

向云化解决方案演进的最大优点就是用户不用再操心如何维护底层的硬件和网络，能够更专注于数据和业务逻辑，在很大程度上降低了大数据技术的学习成本和使用门槛。

（六）数智融合：数据与智能多方位深度整合

大数据与人工智能的融合主要体现在大数据平台的智能化与数据治理的智能化。

智能的平台：用智能化的手段来分析数据是释放数据价值的高阶之路，但用户往往不希望在两个平台间不断的搬运数据，这促成了大数据平台和机器学习平台深度整合的趋势，大数据平台在支持机器学习算法之外，还将支持更多的 AI 类应用。Databricks 为数据科学家提供了一站式的分析平台 Data Science Workspace，Cloudera 也推出了相应的分析平台 Cloudera Data Science Workbench。2019 年底，阿里巴巴基于 Flink 开源了机器学习算法平台 Alink，并已在阿里巴巴搜索、推荐、广告等核心实时在线业务中有广泛实践。

智能的数据治理：数据治理的输出是人工智能的输入，即经过治理后的大数据。AI数据治理，是通过智能化的数据治理使数据变得智能，通过智能元数据感知和敏感数据自动识别，对数据自动分级分类，形成全局统一的数据视图。通过智能化的数据清洗和关联分析，把关数据质量，建立数据血缘关系。数据能够自动具备类型、级别、血缘等标签，在降低数据治理复杂性和成本的同时，得到智能的数据。

三、大数据产业蓬勃发展

近年来，中国大数据产业蓬勃发展，融合应用不断深化，数字经济量质提升，对经济社会的创新驱动、融合带动作用显著增强。下面笔者将从政策环境、主管机构、产品生态、行业应用等方面对中国大数据产业发展的态势进行简要分析。

（一）大数据产业发展政策环境日益完善

产业发展离不开政策支撑。中国政府高度重视大数据的发展。自 2014 年以来，中国国家大数据战略的谋篇布局经历了四个不同阶段。

（1）预热阶段：2014 年 3 月，"大数据"一词首次写入政府工作报告，为中国大数据发展的政策环境搭建开始预热。从这一年起，"大数据"逐渐成为各级政府和社会各界的关注热点，中央政府开始提供积极的支持政策与适度宽松的发展环境，为大数据发展创造机遇。

（2）起步阶段：2015 年 8 月 31 日，国务院正式印发了《促进大数据发展行动纲要》（国发〔2015〕50 号），成为中国发展大数据的首部战略性指导文件，对包括大数据产业在内的大数据整体发展做出了部署，体现了在国家层面对大数据发展的顶层设计和统筹布局。

（3）落地阶段：《十三五规划纲要》的公布标志着国家大数据战略的正式提出，彰显了中央对于大数据战略的重视。2016 年 12 月，工信部发布的《大数据产业发展规划（2016—2020 年）》，为大数据产业发展奠定了重要的基础。

（4）深化阶段：随着国内大数据迎来全面良好的发展态势，国家大数据战略也开始走向深化阶段。2017 年 10 月，党的十九大报告中提出推动大数据与实体经济深度融合，为大数据产业的未来发展指明方向。12 月，中央政治局就实施国家大数据战略进行了集体学习。2019 年 3 月，政府工作报告第六次提到了"大数据"，并且有多项任务与大数据密切相关。

自 2015 年国务院发布《促进大数据发展行动纲要》系统性部署大数据发展工作以来，各地陆续出台了促进大数据产业发展的规划、行动计划和指导意见等文件。截至目前，除港澳台外全国 31 个省级单位均已发布了推进大数据产业发展的相关文件。可以说，中国各地推进大数据产业发展的设计已经基本完成，陆续进入落实阶段。梳理 31 个省级行政区划单位的典型大数据产业政策可以看出，大部分省（区、市）的大数据政策集中发布于2016年至2017年。而在近两年发布的政策中，更多的地方将新一代信息技术整体作为考量，并加入了人工智能、数字经济等内容，进一步地拓展了大数据的外延。同时，各地在颁布大数据政策时，除注重大数据产业的推进外，也在更多地关注产业数字化和政务服务等方面，这也体现出了大数据与行业应用结合及政务数据共享开放近年来取得的进展。

（二）各地大数据主管机构陆续成立

近年来，部分省市陆续成立了大数据局等相关机构，对包括大数据产业在内的大数据发展进行统一管理。以省级大数据主管机构为例，从2014年广东省设立第一个省级大数据局开始，截至2019年5月，共有14个省级地方成立了专门的大数据主管机构。

除此之外，上海、天津、江西分别市组建了上海市大数据中心、天津市大数据管理中心、江西省信息中心（江西省大数据中心），承担了一部分大数据主管机构的职能。部分省级以下的地方政府也相应组建了专门的大数据管理机构。根据黄璜等人的统计，截至2018年10月已有79个副省级和地级城市组建了专门的大数据管理机构。

（三）大数据技术产品水平持续提升

从产品角度来看，目前大数据技术产品主要包括大数据基础类技术产品（承担数据存储和基本处理功能，包括分布式批处理平台、分布式流处理平台、分布式数据库、数据集成工具等）、分析类技术产品（承担对于数据的分析挖掘功能，包括数据挖掘工具、bi工具、可视化工具等）、管理类技术产品（承担数据在集成、加工、流转过程中的管理功能，包括数据管理平台、数据流通平台等）等，中国在这些方面都取得了一定的进展。

中国大数据基础类技术产品市场成熟度相对较高。一是供应商越来越多，从最早只有几家大型互联网公司发展到目前的近60家公司可以提供相应产品，覆盖了互联网、金融、电信、电力、铁路、石化、军工等不同行业；二是产品功能日益完善，根据中国信通院的测试，分布式批处理平台、分布式流处理平台类的参评产品功能项通过率均在95%以上；三是大规模部署能力有很大突破，如阿里云 Max Compute 通过了 10000 节点批处理平台基础能力测试，华为 Guass DB 通过了 512 台物理节点的分析型数据库基础能力测试；四是自主研发意识不断提高，目前有很多基础类产品源自于对开源产品进行的二次开发，特别是分布式批处理平台、流处理平台等产品九成以上基于已有开源产品开发。

中国大数据分析类技术产品发展迅速，个性化与实用性趋势明显。一是满足跨行业需求的通用数据分析工具类产品逐渐应运而生，如百度的机器学习平台 Jarvis、阿里云的机器学习平台 PAI 等；二是随着深度学习技术的相应发展，数据挖掘平台从以往只支持传统机器学习算法转变为额外支持深度学习算法以及 GPU 计算加速能力；三是数据分析类产品易用性进一步提升，大部分产品都拥有直观的可视化界面及简洁便利的交互操作方式。

中国大数据管理类技术产品还处于市场形成的初期。目前，国内常见的大数据管理类软件有 20 多款。数据管理类产品虽然涉及的内容庞杂，但技术实现难度相对较低，一些开源软件如 Kettle、Sqoop 和 Nifi 等，为数据集成工具提供了开发基础。中国信通院测试结果显示，参照囊括功能全集的大数据管理软件评测标准，所有参评产品的符合程度均在 90% 以下。随着数据资产的重要性日益突出，数据管理类软件的地位也将越来越重要，未来将机器学习、区块链等新技术与数据管理需求结合，还有很大的发展空间。

（四）大数据行业应用不断深化

前几年，大数据的应用还主要在互联网、营销、广告领域。这几年，无论是从新增企业数量、融资规模还是应用热度来说，与大数据结合紧密的行业逐步向工业、政务、电信、交通、金融、医疗、教育等领域广泛渗透，应用逐渐向生产、物流、供应链等核心业务延伸，涌现了一批大数据典型应用，企业应用大数据的能力逐渐增强。电力、铁路、石化等实体经济领域龙头企业不断完善自身大数据平台建设，持续加强数据治理，构建起以数据为核心驱动力的创新能力，行业应用"脱虚向实"趋势明显，大数据与实体经济深度融合不断加深。

电信行业方面，电信运营商拥有丰富的数据资源。数据来源涉及移动通话和固定电话、无线上网、有线宽带接入等所有业务，也涵盖线上线下在内的渠道经营相关信息，所服务的客户涉及个人客户、家庭客户和政企客户。三大运营商 2019 年以来在大数据应用方面都走向了更加专业化的阶段。电信行业在发展大数据上有明显的优势，主要体现在数据规模大、数据应用价值持续凸显、数据安全性普遍较高。2019 年，三大运营商都已经完成了全集团大数据平台的建设，设立了专业的大数据运营部门或公司，开始了数据价值释放的新举措。通过对外提供领先的网络服务能力、深厚的数据平台架构和数据融合应用能力，高效可靠的云计算基础设施和云服务能力、打造数字生态体系，加速非电信业务的变现能力。

金融行业方面，随着金融监管日趋严格，通过金融大数据规范行业秩序并降低金融风险逐渐成为金融大数据的主流应用场景。同时，各大金融机构由于信息化建设基础好、数据治理起步早，使得金融业成为数据治理发展较为成熟的行业。

互联网营销方面，随着社交网络用户数量不断扩张，利用社交大数据来做产品口碑分析、用户意见收集分析、品牌营销、市场推广等"数字营销"应用，将是未来大数据应用的重点。电商数据直接反映用户的消费习惯，具有很高的应用价值。伴随着移动互联网流量见顶，以及广告主营销预算的下降，如何利用大数据技术帮助企业更高效地触达目标用户成为行业最热衷的话题。"线下大数据""新零售"的概念日渐火热，但其在个人信息保护方面容易存在漏洞，也使得合规性成为这一行业发展的核心问题。

工业方面，工业大数据是指在工业领域里，在生产链过程包括研发、设计、生产、销售、运输、售后等各个环节中产生的数据总和。随着工业大数据成熟度的提升，工业大数据的价值挖掘也逐渐深入。目前，各个工业企业已经开始面向数据全生命周期的数据资产管理，逐步提升工业大数据成熟度，深入挖掘工业大数据价值。

能源行业方面，2019年5月，国家电网大数据中心正式成立，该中心旨在打通数据壁垒、激活数据价值、发展数字经济，实现数据资产的统一运营，推进数据资源的高效使用。这是传统能源行业拥抱大数据应用的一次机制创新。

医疗健康方面，医疗大数据成为2019年大数据应用的热点方向。2018年7月颁布的《国家健康医疗大数据标准、安全和服务管理办法》为健康行业大数据服务指明了方向。电子病历、个性化诊疗、医疗知识图谱、临床决策支持系统、药品器械研发等成为行业热点。

除以上行业之外，教育、文化、旅游等各行各业的大数据应用也都在快速发展。中国大数据的行业应用更加广泛，正加速渗透到经济社会的方方面面。

四、数据资产化步伐稳步推进

在党的十九届四中全会上，中央首次公开提出"健全劳动、资本、土地、知识、技术、管理和数据等生产要素按贡献参与分配的机制"。这是中央首次在公开场合提出数据可作为生产要素按贡献参与分配，反映了随着经济活动数字化转型加快，数据对提高生产效率的乘数作用凸显，成为最具时代特征的新生产要素的重要变化。

（一）数据：从资源到资产

"数据资产"这一概念是由信息资源和数据资源的概念逐渐演变而来的。信息资源是在20世纪70年代计算机科学快速发展的背景下产生的，信息被视为与人力资源、物质资源、财务资源和自然资源同等重要的资源，高效、经济地管理组织中的信息资源是非常必要的。数据资源的概念是在20世纪90年代伴随着政府和企业的数字化转型而产生，是有含义的数据集结到一定规模后形成的资源。数据资产在21世纪初大数据技术兴起的背景下产生，并随着数据管理、数据应用和数字经济的发展而普及。

中国信通院在2017年将"数据资产"定义为"由企业拥有或者控制的，能够为企业带来未来经济利益的，以一定方式记录的数据资源"。这一概念强调了数据具备的"预期给会计主体带来经济利益"的资产特征。

（二）数据资产管理理论体系仍在发展

数据管理的概念是伴随着20世纪80年代数据随机存储技术和数据库技术的使用而诞生的，主要指在计算机系统中的数据可以被方便地存储和访问。经过40年的发展，数据管理的理论体系主要形成了国际数据管理协会（DAMA）、IBM和数据管控机构（DGI）所提出的三个流派。

然而，以上三种理论体系都是大数据时代之前的产物，其视角还是将数据作为信息来管理，更多的是为了满足监管要求和企业考核的目的，并没有从数据价值释放的维度来考虑。

在数据资产化背景下，数据资产管理是在数据管理基础上的进一步发展，可以视作数据管理的"升级版"。主要区别表现为以下三方面。一是管理视角不同，数据管理主要关注的是如何解决问题数据带来的损失，而数据资产管理则关注如何利用数据资产为企业带来价值，需要基于数据资产的成本、收益来开展数据价值管理。二是管理职能不同，传统数据管理的管理职能包含数据标准管理、数据质量管理、元数据管理、主数据管理、数据模型管理、数据安全管理等，而数据资产管理针对不同的应用场景和大数据平台建设情况，增加了数据价值管理和数据共享管理等职能。三是组织架构不同，在"数据资源管理转向数据资产管理"理念的影响下，相应的组织架构和管理制度也有所变化，需要有更专业的管理队伍和更细致的管理制度来确保数据资产管理的流程性、安全性和有效性。

（三）各行业积极实践数据资产管理

各行业实践数据资产管理普遍经历3～4个阶段。最初，行业数据资产管理主要是为了解决报表和经营分析的准确性，并通过建立数据仓库实现。随后，行业数据资产管理的目的是治理数据，管理对象由分析域延伸到生产域，并在数据库中开展数据标准管理和数据质量管理。随着大数据技术的发展，企业数据逐步汇总到大数据平台，形成了数据采集、计算、加工、分析等配套工具，建立了元数据管理、数据共享、数据安全保护等机制，并开展了数据创新应用。而目前，许多行业的数据资产管理已经进入到数据资产运营阶段，数据成了企业核心的生产要素，不仅满足企业内部的各项业务创新，还逐渐成为服务企业外部的数据产品。企业也积极开展如数据管理能力成熟度模型（DCMM）等数据管理能力评估工作，不断提升数据资产管理能力。

金融、电信等行业普遍在2000年至2010年间就开始了数据仓库建设（简称数仓建设），并将数据治理范围逐步扩展到生产域，建立了比较完善的数据治理体系。2010年后通过引入大数据平台，企业实现了数据的汇聚，并逐渐向数据湖发展，内部的数据应用较为完善，不少企业在逐渐探索数据对外运营和服务。

（四）数据资产管理工具百花齐放

数据资产管理工具是数据资产管理工作落地的重要手段。由于大数据技术栈中开源软件的缺失，数据资产管理的技术发展没有可参考的模板，工具开发者多从数据资产管理实践与项目中设计工具架构，各企业数据资产管理需求的差异化使得数据资产管理工具的形态各异。因此，数据资产管理工具市场呈现百花齐放的状态。数据资产管理工具可以是多个工具的集成，并以模块化的形式集中于数据管理平台。

元数据管理工具、数据标准管理工具、数据质量管理工具是数据资产管理工具的核心，数据价值工具是数据资产化的有力保障。中国信通院对数据管理平台的测试结果显示，数据管理平台对于元数据管理工具、数据标准管理工具和数据质量管理工具的覆盖率达到了

100%，这些工具通过追踪记录数据、标准化数据、稽核数据的关键活动，有效地管理了数据，提升了数据的可用性。与此同时，主数据管理工具和数据模型管理工具的覆盖率均低于20%，其中主数据管理多以解决方案的方式提供服务，而数据模型管理多在元数据管理中实现，或以独立工具在设计数据库或数据仓库阶段完成。超过80%的数据价值工具以直接提供数据源的方式进行数据服务，其他的数据服务方式包括数据源组合、数据可视化和数据算法模型等。超过95%的数据价值工具动态展示数据的分布应用和存储计算情况，但仅有不到10%的工具量化数据价值，并提供数据增值方案。

未来，数据资产管理工具将向智能化和敏捷化发展，并以自助服务分析的方式深化数据价值。Gartner在2019年关于分析与商务智能软件市场的调研报告中显示，该市场在2018年增长了11.7%，而基于自助服务分析的现代商务智能和数据科学平台分别增长了23.3%和19%。随着数据量的增加和数据应用场景的丰富，数据间的关系变得更加复杂，问题数据也隐藏于数据湖中难以被发现。智能化的探索梳理结构化数据间、非结构化数据间的关系将节省巨大的人力，快速发现并处理问题数据也将极大地提升数据的可用性。在数据交易市场尚未成熟的情况下，通过扩展数据使用者的范围，提升数据使用者挖掘数据价值的能力，可以最大限度地开发和释放数据价值。

（五）数据资产化面临诸多挑战

目前，困扰数据资产化的关键问题主要包括数据确权困难、数据估值困难和数据交易市场尚未成熟。

（1）数据确权困难。明确数据权属是数据资产化的前提，但目前在数据权利主体以及权力分配上存在诸多争议。数据权不同于传统物权。物权的重要特征之一是对物的直接支配，但数据权在数据的全生命周期中有不同的支配主体，有的数据产生之初由其提供者支配，有的产生之初便被数据收集人支配（如微信聊天内容、电商消费数据、物流数据等），有的在数据处理阶段被各类数据主体所支配。原始数据只是大数据产业的基础，其价值属性远低于以集合数据为代表的增值数据所产生的价值。

因此，法律专家们倾向于将数据的权属分开，即不探讨整体数据权，而是从管理权、使用权、所有权等维度进行探讨。而由于数据从法律上目前尚没有被赋予资产的属性，所以数据所有权、使用权、管理权、交易权等权益没有被相关的法律充分认同和明确界定。数据也尚未像商标、专利一样，有明确的权利申请途径、权利保护方式等，对于数据的法定权利，尚未有完整的法律保护体系。

（2）数据估值困难。影响数据资产价值的因素主要有质量、应用和风险三个维度。质量是决定数据资产价值的基础，合理评估数据的质量水平，才能对数据的应用价值进行准确预测；应用是数据资产形成价值的方式，数据与应用场景结合才能贡献经济价值；风险则是指在法律和道德等方面存在的限制。

目前，常用的数据资产估值方法主要有成本法、收益法和市场法三类。成本法从资产的重置角度出发，重点考虑资产价值与重新获取或建立该资产所需成本之间的相关程度；收益法基于目标资产的预期应用场景，通过未来产生的经济效益的折现来反映数据资产在投入使用后的收益能力，而根据衡量无形资产经济效益的不同方法又可具体分为权利金节省法、多期超额收益法和增量收益法；市场法则是在相同或相似资产的市场可比案例的交易价格的基础上，对差异因素进行调整，以此反映数据资产的市场价值。

评估数据资产的价值需要考虑多方面因素，数据的质量水平、不同的应用场景和特定的法律道德限制均对数据资产价值有所影响。虽然目前已有从不同角度出发的数据资产估值方法，但在实际应用中均存在不同的问题，有其适用性的限制。构建成熟的数据资产评价体系，还需要以现有方法为基础框架，进一步探索在特定领域和具体案例中的适配方法。

（3）数据交易市场尚未成熟。2014年以来，国内出现了一批数据交易平台，各地方政府也成立了数据交易机构，包括贵阳大数据交易所、长江大数据交易中心、上海数据交易中心等。同时，互联网领军企业也在积极探索新的数据流通机制，提供了行业洞察、营销支持、舆情分析、引擎推荐、API数据市场等数据服务，并针对不同的行业提出了相应的解决方案。

但是，由于数据权属和数据估值的限制，以及数据交易政策和监管的缺失等因素，目前国内的数据交易市场尽管在数据服务方式上有所丰富，发展却依然面临诸多困难，阻碍了数据资产化的进程。主要体现在如下两点。一是市场缺乏信任机制，技术服务方、数据提供商、数据交易中介等可能会私下缓存并对外共享、交易数据，数据使用企业不按协议要求私自留存、复制甚至转卖数据的现象普遍存在。中国各大数据交易平台并未形成统一的交易流程，甚至有些交易平台没有完整的数据交易规范，使得数据交易存在很大风险。二是缺乏良性互动的数据交易生态体系。数据交易中所涉及的采集、传输、汇聚活动日益频繁，相应的，个人隐私、商业机密等一系列安全问题也日益突出，亟须建立包括监管机构和社会组织等多方参与的、法律法规和技术标准多要素协同的、覆盖数据生产流通全过程和数据全生命周期管理的数据交易生态体系。

五、数据安全合规要求不断提升

2019年以来，大数据安全合规方面不断有事件曝出。2019年9月6日，位于杭州的大数据风控平台杭州魔蝎数据科技有限公司被警方控制，高管被带走，相关服务暂时瘫痪。同日，另一家提供大数据风控服务的新颜科技人工智能科技有限公司高管被带走协助调查。以两平台被查为开端，短短一周内，多家征信企业分别有人被警方带走调查，市场纷纷猜测是否与爬虫业务有关。一时间，大数据安全合规的问题，特别是关于个人信息保护的问题，再次成了行业关注热点。

（一）数据相关法律监管日趋严格规范

与全球不断收紧的数据合规政策相类似，中国在数据法律监管方面也日趋严格规范。

当前中国大数据方面的立法主要以个人信息保护为核心，包含基本法律、司法解释、部门规章、行政法规等综合框架。在一些综合性法律中也涉及了个人信息保护条款。

2019年以来，数据安全方面的立法进程明显加快。中央网信办针对四项关于数据安全的管理办法相继发布征求意见稿，其中，《儿童个人信息网络保护规定》已正式公布，并于2019年10月1日开始施行。一系列行政法规的制定，唤起了民众对数据安全的强烈关注。

但不可否认的是，从法律法规体系方面来看，中国的数据安全法律法规仍不够完善，呈现出缺乏综合性统一法律、缺乏法律细节解释、保护与发展协调不够等问题。2018年，在十三届全国人大常委会立法规划中"条件比较成熟、任期内拟提请审议的法律草案"包括了《个人信息保护法》《数据安全法》两部。个人信息和数据保护的综合立法时代即将来临。

（二）数据安全技术助力大数据合规要求落地

数据安全的概念来源于传统信息安全的概念。在传统信息安全中数据是内涵，信息系统是载体，数据安全是整个信息安全的关注重点，信息安全的主要内容是通过安全技术保障数据的秘密性、完整性和可用性。从数据生命周期的角度区分，数据安全技术包括作用于数据采集阶段的敏感数据鉴别发现、数据分类分级标签、数据质量监控，作用于数据存储阶段的数据加密、数据备份容灾，作用于数据处理阶段的数据脱敏、安全多方计算、联邦学习，作用于数据删除阶段的数据全副本销毁，作用于整个数据生命周期的用户角色权限管理、数据传输校验与加密、数据活动监控审计等。

当前中国数据安全法律法规重点关注对个人信息的保护，大数据行业整体合规也必然将以此作为核心。而在目前的数据安全技术中有为数不少的技术手段瞄准了敏感数据在处理使用中的防护，如数据脱敏、安全多方计算、联邦学习等。

在《数据安全管理办法（征求意见稿）》中明确要求，对于个人信息的提供和保存要经过匿名化处理，而数据脱敏技术是实现数据匿名化处理的有效途径。应用静态脱敏技术可以保证数据对外发布不涉及敏感信息，同时在开发、测试环境中保证敏感数据及本身特性不变的情况下能够正常进行挖掘分析；应用动态脱敏技术可以保证在数据服务接口实时返回数据请求的同时杜绝敏感数据泄露风险。

安全多方计算和联邦学习等技术能够确保在协同计算中任何一方的实际数据不被其他方获得的情况下完成计算任务并获得正确计算结果。应用这些技术能够在有效保护敏感数据以及个人隐私数据不存在泄露风险的同时完成原本需要执行的数据分析、数据挖掘、机器学习等任务。

上述技术是当前最为主流的数据安全保护技术，也是最有利于大数据安全合规落地的数据安全保护技术。其中的各项技术分别具有各自的技术实现方式、应用场景、技术优势和当前存在的问题。

上述技术均存在多种技术实现方式，不同实现方式可能达到对隐私数据不同程度的保护，不同的应用场景对于隐私数据的保护程度和可用性也有不同的需求。作为助力实现大数据安全合规落地的主要技术，在实际应用中使用者应根据具体的应用场景选择合适的隐私保护技术以及合适的实现方式，而繁多的实现方式和产品化的功能点区别导致技术使用者具体进行选择时会遇到很大的困难。通过标准对相应隐私保护技术进行规范化，可以有效地应对这种情况。

未来伴随着大数据产业的不断发展，个人信息和数据安全相关法律法规将不断出台，在企业合规方面，应用标准化的数据安全技术是十分有效的合规落地手段。随着公众数据安全意识的提升和技术本身的不断进步完善，数据安全技术将逐渐呈现出规范化、标准化的趋势，参照相关法律法规要求进行相关产品技术标准制定，应用符合相应技术标准的数据安全技术产品，保证对敏感数据和个人隐私数据的使用合法合规，将成为未来大数据产业合规落地的一大趋势。

（三）数据安全标准规范体系不断完善

相对于法律法规和针对数据安全技术的标准，在大数据安全保护中，标准和规范也发挥着不可替代的作用。《信息安全技术个人信息安全规范》是个人信息保护领域重要的推荐性标准。标准结合国际通用的个人信息和隐私保护理念，提出了"权责一致、目的明确、选择同意、最少够用、公开透明、确保安全、主体参与"七大原则，为企业完善内部个人信息保护制度及实践操作规则提供了更为细致的指引。2019 年 6 月 25 日，该标准修订后的征求意见稿正式发布。

一系列聚焦数据安全的国家标准近年来陆续发布。包括《大数据服务安全能力要求》（GB/T 35274—2017）、《大数据安全管理指南》（GB/T 37973—2019）、《数据安全能力成熟度模型》（GB/T 37988—2019）、《数据交易服务安全要求》（GB/T 37932—2019）等，这些标准对中国数据安全领域起到了重要的指导作用。

中国通信标准化协会大数据技术标准推进委员会（CCSA TC601）推出的《可信数据服务》系列规范将个人信息保护推广到企业数据综合合规。标准针对数据供方和数据流通平台的不同角色身份，从管理流程和管理内容等方面对企业数据合规提出了推荐性建议。规范列举了数据流通平台提供数据流通服务时，在平台管理、流通参与主体管理、流通品管理、流通过程管理等方面提出的管理要求和建议，以及数据供方提供数据产品时，在数据产品管理、数据产品供应管理等方面需满足和体现服务能力与服务质量的要求。系列规范已于 2019 年 6 月发布。

六、大数据发展展望

党的十九届四中全会提出将数据与资本、土地、知识、技术和管理并列作为可参与分配的生产要素，这体现出数据在国民经济运行中变得越来越重要，数据对经济发展、社会生活和国家治理正在产生着根本性、全局性、革命性的影响。

技术方面，我们仍然处在"数据大爆发"的初期，随着5G、工业互联网的深入发展，将带来更大的"数据洪流"，这就为大数据的存储、分析、管理带来更大的挑战，牵引大数据技术再上新的台阶。硬件与软件的融合、数据与智能的融合将带动大数据技术向异构多模、超大容量、超低时延等方向拓展。

应用方面，大数据行业应用正在从消费端向生产端延伸，从感知型应用向预测型、决策型应用发展。当前，互联网行业已经从"IT时代"全面进入"DT时代"（Data Technology）。未来几年，各地政务大数据平台和大型企业数据中台的建成，将促进政务、民生与实体经济领域的大数据应用再上新的台阶。

治理方面，随着国家数据安全法律制度的不断完善，各行业的数据治理也将深入推进。数据的采集、使用、共享等环节的乱象得到遏制，数据的安全管理成为各行各业自觉遵守的底线，数据流通与应用的合规性将大幅提升，健康、可持续的大数据发展环境正在逐步形成。

然而，中国大数据发展也同样面临着诸多问题。例如，大数据原创性的技术和产品尚不足；数据开放共享水平依然较低，跨部门、跨行业的数据流通仍不顺畅，有价值的公共信息资源和商业数据没有充分流动起来；数据安全管理仍然薄弱，个人信息保护面临新威胁与新风险。这就需要大数据从业者在大数据理论研究、技术研发、行业应用、安全保护等方面付出更多的努力。

新的时代，新的机遇。我们也看到，大数据与5G、人工智能、区块链等新一代信息技术的融合发展日益紧密。特别是区块链技术，一方面区块链可以在一定程度上解决数据确权难、数据孤岛严重、数据垄断等"先天病"，另一方面隐私计算技术等大数据技术也反过来促进了区块链技术的完善。在新一代信息技术的共同作用下，中国的数字经济正向着更加互信、共享、均衡的方向发展，数据的"生产关系"正在进一步重塑。

第四节 数据的整合管理与使用

一、数据的收集

大数据时代，要想使用大数据，首先要做的就是收集大量数据，但收集数据并非仅是把收集过来的数据放到硬盘里面那么简单，更重要的是对数据进行分类、存放及管理。不然就如同一个储藏很多物品的储藏室一样放东西进去的时候很轻松，但是要知道哪些东西有用，或者拿出有用的东西的时候就不那么简单了，甚至可能再也找不到。对于数据的认知，完全取决于我们是否拥有认知自己所拥有数据的能力，是否能够筛选出到底什么是核心数据，到底什么数据会被我们频繁地使用。这就要我们学会如何去收集数据。

我们盲目地进行大数据投资，收集越来越多的数据。但是，令人沮丧的是，这些数据却是"死"数据。那么，什么是死数据呢？"死"数据就是单纯存储在数据库中，无法进行分析和使用，并且不能够产生价值的数据。"死"数据不是真死，可以将其激活。那么，如何激活这些"死"数据，让整个大数据"活"起来，并成为实践中的牵引力呢？答案就是：收集是第一步，收集后通过甄别，选出有用的数据，将它用起来。数据的价值在于使用，不是存储。就像储藏室里的物品，假如你不会将其中有用的东西拣选出来使用，你储藏的东西再多也是没有价值的。所以，我们在储藏物品的时候，一是要储藏有使用价值的物品，二是要将其拿出来使用。于是，如何收集物品就成了一门学问。数据的收集和物品的收集有异曲同工之妙。

人们发现，大数据的真正价值是将数据用于形成主动收集数据的良性循环中，以带动更多的数据进入自循环中，并应用于各个行业。什么是数据的自循环呢？

举个最简单的例子来说，现在的很多网站都有推荐功能，很多推荐出来的东西，不论是音乐、视频，还是商品，都可以让用户来选择"喜欢"或者"不喜欢"，这样一来，企业就可以通过用户的选择基于计算机后台的算法为用户重新推荐，这就变成了一个循环——从基于已有的数据进行"分析—推荐—反馈—再推荐"的过程。当然，自循环还远不止这样一种形式。多样的自循环方式打开了大数据之门，而进入这个循环的关键就是，从解决问题出发。在数据的自循环中，有两个核心的关键点：一个是"活"做数据收集，另一个是"活"看数据指标。

比如，多年来，很多企业因无法建立数据收集的循环，致使其运营数据更多地建立在直觉的判断和分析基础之上。当面对周围海量的消费者数据时，充满了危机的大数据更难为企业的运作提供清晰的思路。对数据无从下手成为企业在大数据时代的核心短板。这时，如果没有找出相关的关键解决方法，企业就会在由海量数据构成的新兴市场中错失发展的良机。

（一）"活"做数据收集

所谓"活"做数据收集，就是指用户不要局限于只收集自己用户产生的数据，还要把"别人"的数据收集过来进行综合分析。

前面提到过，数据收集，一方面是"自己用"——用其他外面的数据来增加自己手上数据的精准度，为我所用；而另一方面是"给别人用"——把我的数据贡献给很需要我的数据的人，从而提高他的数据的精准度。

在很多年前，亚马逊就主动去收集用户的 IP 地址，然后从 IP 地址中破译出用户所处位置的附近多少千米内是否有书店。工作人员从收集到的数据中了解到，一个人是否选择在网上买书，很重要的一个原因是他的附近有没有书店。亚马逊主动收集数据，即通过收集一个外部数据，来帮助自身判断线下是否存在潜在的竞争对手。京东也是这样，他们收集客户浏览商品的数据，然后将相关产品推荐给客户。一个企业在做数据收集的时候，并不总是能直接收集到所需要的关键数据，这时候就需要变通。做大数据收集，有时候需要更多的灵活变通。亚马逊的案例的确经典，不知道京东是不是借鉴了他们的做法，因为他们都找到了消费者购买决策链条中的一个关键点。每个人都知道在收集消费者数据时最好是观察直接用户。但如果没有这个数据，你要观察什么数据？答案就是，去观察行业内对这个数据最敏感的那些人，你也能获得成功的密码。

生活中其实也有这样的例子，李嘉诚说，如果你想知道香港的某家酒楼生意好不好，你问问门口卖报纸的人就知道了——香港人去喝茶的时候喜欢买一份报纸。其实，这个规律不是李嘉诚观察到的，而是香港税务局发现的。香港税务局如果担心酒楼对营业额虚报的话，就可以通过直接去查卖报纸的商家卖了多少份报纸来判断，这是一个非常有趣却很实际的灵活收集用户数据的案例。

"活"做数据收集，就是要跳出既定思维的框架，从相关联的行业和业务中去收集能够为现在所用的数据，找到能够更好地佐证企业现有业务决策和发展的数据。而"活"做数据收集的一大好处，就是能够规避现有数据框架的弊端，更好地反映用户的实际需求和市场的实际情况。

（二）"活"看数据指标

"活"看数据指标就是指企业不要局限于已有的数据框架，而应该结合用户需求的不同场景来灵活应用收集到的"活"数据。我们不仅要灵活地收集数据，而且要注意，数据收集只是第一步，如果不让数据"活"起来，仅仅是把收集的数据简单堆砌在一起，是没有意义的。

举个例子说，我们在京东购买商品的时候，或在某个网站注册时，他们会要求用户填写自己的性别。假如一个人填写的性别是男性，但分析这个人的购买行为时发现，很多时候他的账户在告诉网站，这些商品的目标客户并不是他自己，因为这个人也会为他的妻子和父母买东西。

当收集到的这些数据不能为企业所用时，企业就永远不知道关于这个人的这些数据原来是不准确的。这些数据好像是准确地描述了这个人的性别，但是不能很准确地描述这个人的搜索和购物行为，因为他可能会为他的老婆买一包卫生巾或一套化妆品。在梳理阿里巴巴的数据时，阿里巴巴会有 18 个性别标签。听上去这很不可思议，你肯定会想，阿里巴巴是不是疯了，为什么凭空造出了这么多的性别？事实上，每一个性别表现都并非看上去那么简单，因为它的分类是基于用户在不同场景中的不同表现而做出的。这就揭示了一个问题，我们每个人都不会只呈现出简单的一面，比如在安静时和在人前时，我们就会表现出不一样的自我。不同的性别标签其实就是应用了这一原理：同样的人在搜索商品时可能会表现出不一样的行为特点，而这些不一样的行为就是笔者所说的场景，结合场景应用数据就是"活"用数据。其实，有多少个性别标签并不重要，重要的是如何让用户在不同的场景中获得更好的服务，而这都要基于这些"活"数据。

亚马逊一直在自己的商业活动中应用这个理论。一直以来，亚马逊就是使用动态数据模型，用"历史的你"去推测"现在的你"。所以，它相信今天登录网站的你有什么需要与兴趣，比起历史的"你"来说更重要。

"活"用数据，就是你是否能看出这个数据本身的局限是什么。一方面，是数据为用户体验改善了什么；另一方面，企业在使用数据时，对活数据的运用解决了什么问题，或者创造了什么机会。要牢牢记住，活用数据很重要。

"活"的数据是"活"用数据的精髓所在。企业能够基于场景和相关的"活"数据将数据应用发挥出最大的价值，那么新的商业模式的开创在不远的将来也就会成为可能。

二、数据的整合管理

（一）数据的存放和管理

对于数据收集而言，最重要的不是看我们收集了什么数据，而是要思考这些数据如何使用以及收集这些数据到底能够起到什么样的作用。用一句话来说，就是收集数据不是目的，收集起来的数据如何产生价值才是最终的目标。不过，如何收集在未来具有价值的数据的确是一个难题，当中就需要一些经验的判断了。

数据存储下来之后，数量和广度都很大，就需要对之进行完善的管理。数据管理的内容包括很多方面，比如，数据的来源、如何让数据不丢失、如何保护数据的安全、如何让数据准确和稳定以及如何更好地运用数据，这些都是数据运营中的"管"。但是，"管"并没有一个标准可循。大数据管理到底要怎么做？目前还没有准确答案。其实，对于数据的管理，整个大数据行业和其他行业一样都经历过很多起起落落。就数据而言，在 2004

年左右，美国的一些数据管理经验在国内造成了很大的轰动，很多公司纷纷建立 BI 团队。但是到了 2009 年左右，各公司又开始不完全认同 BI 数据部门。但也正是在那个时候，国内顶尖互联网公司的数据化运营开始启动。有些公司的数据管理非常依赖数据产品，希望用数据产品来解决获取及使用数据的问题。他们认为"不管怎么样，我们先收集数据，将来肯定有用"。其实这是不妥的，因为没有一家数据运营商可以让你无止境地收集数据，然后再使用，这根本是不现实的。

而这就是"不做决定的代价"。因为，在这个世界上，有一些决定是我们一定要做的。从运营数据的角度来说，如果我们只收集数据而不做分析和应用的话，代价就是很沉重的存储成本。这种存储成本的代价是巨大的，即便是一家富有的公司，即便是它的机器比较多，也只能短时间地延续这种损失。因为不管你有多少机器，这些数据都在呈指数式增长，当提到怎么备份时，问题就出来了。在这种情况下如何备份？此时，我们必须决定什么东西需要先备份，什么东西可以先放在"冷库"里。"冷库"的意思是一些成本比较低的服务器，但是放在"冷库"中的数据不能随时使用，需要调出来才可以使用。

针对这种情况，有人说，我们仅把 3 年前的数据放进去，够吗？答案就是：还是太多了。有人说，那我们可以把一年半以前的数据放进去吧？不行，因为用数据观察业务发展趋势的分析师一般都要看 3 年的数据，所以这种做法也不现实。在面对"决定放什么数据进'冷库'"和"决定什么数据在紧急情况下一定要保护"的问题时，你就会发现以前我们所讲的观点——数据先收集起来，将来再使用，完全是一个伪命题。之前从来没有人对这个伪命题表示过异议，无论银行，还是金融机构，甚至以前的互联网公司。而当大数据出来后，这个观点就成了一个借口、一个伪命题。这是一个很难下的决定，但这也是你必须做的决定。如果，你在以后发现你需要的数据，的确没有得到提前保存的话，那就只能错失这一发展机会了。事实上，这是企业的博弈。

或许有人会问，一家企业并不需要从事所有的商业，为什么所有的数据都要收集呢？事实就是这样，这是数据人在管理上的不负责任，平心而论，这个责任也非常难承担。

很多大公司正在数据管理这条路上学习，而当前我们面临着很多以往不曾遇见的问题。比如，我们是应该在各个部门里运作，还是集中管理数据？我们是应该在数据安全的前提下更开放，让更多人找到数据的价值，还是应该更封闭，让泄露数据的可能性更小？另外，个人隐私怎么去保护？我们怎么才能成为一家负责任的数据管理公司？这些都是很有代表性的难题。

现在，大型的互联网公司通常都同时拥有成百上千种正在开发的项目，它们都在直接或间接地改变着数据，而在这种情况下，又如何保障数据安全？事实上，数据的源头已经"脏"了，而下游使用数据的人还不知道，同时，源头的数据使用者也没有责任告诉下游这些数据已经"脏"了。所以，如果你数据使用得不好，这对你的发展影响也不会很大。但是如果你数据使用得好，而且将它作为公司的核心竞争力，那么你的麻烦就大了。因为你的数据源本来就来自各个地方，而每一个来源都没有责任告诉你从它那儿来的数据是正常的和可靠的。特别是大数据出现后，数据的精准与否更加重要。因为大数据在很多情况下，是利用外部数据来帮助内部数据进行调整的，如果你的内部数据难以保证"干净"的话，那么外部数据同样无法保证"干净"。数据管理，是大数据行业的"脏活""苦活"和"累活"，是最难解决的事情。如果没有这些背景做铺垫，人们对很多公司在做的所谓的大数据的运营就会持有怀疑态度了。

（二）数据的归类整理

权威的数据公司从数据分类的角度将数据分为以下4种。

1. 按照是否可以再生的标准来看，可以分为不可再生数据和可再生数据

不可再生数据通常就是最原始的数据，比如用户在访问网站时，浏览记录会追踪用户的行为，如果当时没有被记录下来，就没有其他数据来还原用户的行为了。这个有点像拿着相机拍闪电，抓拍很重要，一旦错过，闪电就不可能再重复刚才那一瞬间的光影了。因此，对于用户日志类等不可再生数据而言，必须有很完善的保护措施和严格的权限设置。现在，很多系统都有备份多份数据的功能，理想情况应该是，因为磁盘损坏而造成数据丢失的案例越来越少。但是，因为系统升级失败和误操作等造成的数据丢失在各家公司都屡见不鲜、见怪不怪了。

可再生数据就是通过其他数据可以生成的数据，原则上，指标类数据的衍生数据都是可再生的——只要原始的不可再生数据还在，就可以通过重新运算来获得。不过千万不能因为"可再生"这个词语的存在，就对可再生数据不重视。有些可再生数据是通过很长时间的积累不断加工而成的，是长时间从海量数据中计算出来的，比如对某个用户在数个月内的连续购买行为产生的规律，如果未做保护，虽然仍然可再生，但是再生的时间会给企业带来问题。因为即便对于有顶尖计算能力的公司来讲，都可能是数日，甚至是数周、数月，而这个时间过程可能会对公司的某一项核心业务造成毁灭性的打击。

对于不可再生数据而言，已有的数据要严格保护，想要但是还没有的数据就要及早收集。举个例子，很多电子商务网站是不关注客户在商品详情页面有没有做滚屏操作的。如果这一类型的数据没有被记录下来，企业就无从知道详情页的有效性。当商品页面进行改版，需要对此类数据进行参考时，就没有办法来获得相应的数据支持，最后能做的就只能是等待在页面上进行布点开发，等待数据收集到之后再进行决策，这就造成了决策的延误。

对于可再生数据而言，要及早做好业务的预判和数据处理的规划，这样一来，数据在需要的时候就能够快速地获得应用，人们把这一数据称为数据中间层。

2. 按照数据所处的存储层次来看，可以分为基础层、中间层和应用层；从数据的存储角度来说，数据有很多层次

基础层通常与原始数据基本一致，也就是仅仅存储最基本的数据，不做汇总，以尽量避免失真，从而用作其他数据研究的基础；中间层是基于基础层加工而成的数据，通常也被认为是数据仓库层，这些数据会根据不同的业务需求，按照不同的主体来进行存放；应用层则是针对具体数据问题的应用，比如作为解决具体问题的数据分析和数据挖掘的应用层的数据。

在存储层这个层面上，最大的问题就是数据的冗余和管理的混乱。尤其是对于一些拥有海量数据的大公司而言，数据的冗余问题尤为严重，由此造成了大量的浪费。

在大公司中，进行数据分析、开发、挖掘的人可能有数十甚至数百人，这些人可能归属于不同的业务团队，为了满足不同的业务各自分析数据应用。这样一来，不同的人可能都从头开始建立起了一套包含基础层、中间层和应用层的数据，而彼此之间又没有合适的交流方式，也就造成了工作的浪费。那是不是应该把所有的数据进行更好的归纳或者管理呢？任何管理方法，无论是集中式管理，还是分散式管理，都各有利弊，而且人和业务多了之后，企业也很难进行集中式管理。专家给出的建议是，基础层必须统一，因为这是最基本的数据，而且基本数据是原始数据。除了备份的需求外，没有必要在各个场合保留多份数据。只要保证这个数据有良好的原数据管理方式，就能极大地降低成本。而对于中间层和应用层而言，则要视具体情况而定：如果公司的业务相对单一但成本压力比较大，则建议集中式管理；如果公司的业务量非常大，则可以由多个数据团队来进行分散式管理和应用，以保证基础层单位有最高的灵活性。

3. 按照数据业务归属来看，可以分为各个数据主体

按照业务归属分类的意思就是，将数据按照不同的业务主体分门别类地进行归纳。就好像仓库一样，将不同的物料进行分类存放，以提高其使用和管理的效率。按照业务归属分类的数据在不同公司可能体现出不同的内容，在平台型电商可以分为交易类数据、会员类数据、日志类数据等。交易类数据是指平台型电商的订单流水，其中包含了买家、卖家在什么时间成交了什么商品；会员类数据记录了买家、卖家的身份信息，比如注册时间、身份证号码、信用等级等信息；日志类数据则更多的是指用户的行为，即哪个用户在什么时间段访问了平台的什么页面、点击了什么按钮等。对于数据的分类则主要根据业务特点进行归类，并没有一个特别的硬性规定。总体的原则就是让数据的存储空间更少，分析及挖掘的过程更简单、快捷。

4. 按照是否为隐私来区分，可以分为隐私数据和非隐私数据

顾名思义，隐私数据就是需要有严格的保密措施来保护的数据，否则会对用户的隐私造成威胁。用户的交易记录属于隐私类数据，对于一家有着良好数据管理机制的公司而言，通常的管理方法是对数据的隐私级别进行分层，数据从安全的角度可以进行两种类型、四个层次的数据分层。两种类型就是企业级别和用户级别。企业级别的数据，包括交易额、利润、某大型活动的成交额等；用户级别的数据就像刚才提到的身份证号码、密码、用户名、手机号码等。四个层次是对数据进行分类，分别有公开数据、内部数据、保密数据、机密数据。

当然，也有隐私数据保护得不好的企业，之前很多隐私泄露的案例都对用户造成了很大的损害。比如，某些网站几十万的开房信息泄露、数百万的密码泄露等都是类似的事故。随着拥有大量数据的网站和公司越来越多，数据安全就越来越成为一个核心点，需要投入专门的人和专门的团队来进行数据安全的管理。而数据安全工作的推动，初期往往会受到一线员工的反对，因为任何一个安全系统都意味着已有的权限被收回，也会因为改变工作方法而降低效率。所以，拥有大数据的企业高管必须关注数据安全，否则数据越大，对"恶人"的吸引力就越大，最终对用户和公司造成损失的风险也就越大。

三、数据的使用

从使用数据的角度来说，电商行业就有很多值得其他行业借鉴的地方，可以让数据真正地使用起来，并且产生实际的商业价值。

不同的运营商对数据有不同的用法，这里，我们以电商为例，看看他们是如何运用数据的。首先来看现在电商的背景，不论是以阿里为代表的平台型电商，还是以京东为代表的自营型电商，或者以1号店为代表的垂直类电商，它们的一个共同特点就是商品非常丰富，商品数量动辄就是百万千万级，而平台型电商的商品数量可能更多。

对于消费者来说，进入一个电商网站的首页并不需要看到那么多的商品，如果消费者有明确的购物诉求，那么，可能会直接进入电商网站的搜索引擎开始寻找商品；如果没有明确的诉求，则可能是在电商网站提供的类目和活动等区域随意寻找。这个时候问题就来了：页面内容是有限的，消费者的时间是有限的，消费者的需求是有偏好的，但是商品量非常大，电商的目标又是为了能够通过闲逛让消费者产生成交额，那么，如何找到合适的商品放在首页就成了问题的关键。

面对这样的问题，专家给出的解决方案是通过一套数据中间层，来生成用户在特定市场的个性化标签。电商企业不同类目运营的员工通过算法或者人工选品来实现用户标签和商品的匹配，从而实现用户"逛"的效率最优，进而提高用户由游逛到购买的转化率。建立标签，简单地说就是通过数据分析来对用户的偏好进行描述，建立标签通常有以下三种方法。

一是通过业务规则结合数据分析来建立标签。这一类型的标签和业务人员的经验紧密结合，这里可以举几个例子，以便对这类标签的设置有更加直观的感觉。比如，业务人员可以判断出购买某一个具体车型的人可能就拥有这款车，此时，就可以通过数据进行分类，把用户分为不同类型的车主，这个时候当用户进入汽车配件类目时，就可以直接为用户推荐相应的汽车配件，直到用户有明确的行为去搜索别的汽车用品时，再进行数据调整。再比如，有些用户平时很少网购，但一到大型节日前就会大量购买商品，这一类用户通常都是企业的采购人员，这时候就可以在礼品等类目进行企业礼品的相关推荐，甚至直接推荐该网站的储值卡。还有，对于中老年人的识别，可以通过用户经常使用的地址和包裹的寄送地址来进行区别。

二是通过模型来建立标签。比如在婚庆类目上的特定行为，当然，特定行为是通过数据模型识别出来的，此时我们就可以认为其是一个即将结婚的用户，这样可以结合时间来给用户打上婚庆标签，也可以持续观察这一类用户，在未来可能会打上家装的标签和母婴的标签等。结合用户的手机充值和收货地址等行为，可以用数据模型计算出该用户是为自己购买，还是作为一个网购的中心者为他人购买，如果能判断经常为他人购买，则可以打上类似于"网购影响力中心"这样的标签，可以在不同类目的场景中运用。

三是通过模型的组合来生成新的标签。任何一个模型都是有生命周期的，或者说企业内部不同的建模人员可能会对同一用户做出不同的判断，所以，我们需要对模型不断地进行整合。通常情况下，可以采用模型投票的方法从多个模型中抽象出合适的标签。比如，在3个模型中，两个模型认为宝宝是3～6个月，一个认为宝宝是12个月以上，那通过模型的整合，应该可以确定宝宝为3～6个月。标签的应用是指在电商网站的首页或者具体的类目网页进行标签的使用。标签的使用，最核心的就是数据中间层和前台业务层的对接，并且能够让运营人员非常方便地进行商品的设置。这里涉及两个核心点：一是中间层和业务层的对接；二是中间层的易用性。下面分别就这两个内容来做一些探讨。

一是中间层和业务层的对接。目前，对接在互联网广告中是非常热的概念，典型的应用之一就是数据管理平台（DMP）。在这个系统中，用户以标签化的形式存在，也就是之前给用户打好的标签有了一个管理的平台，终端使用者可以在这个系统中进行用户选择，选择完成之后就会产生一个投放计划。DMP还会和前台业务平台进行打通，简单地说就是用户登录首页之后，系统就会认出用户身上的标签，就可以根据DIM中设置的计划来产出不一样的内容。

二是中间层的易用性。对于终端用户来说，选择标签需要足够简单，并且能够非常清楚地知道这个标签具体代表的含义是什么。对于数据从业者来说，让数据变得超级简单是一个非常重要的使命，所以界面的设计和后台的管理等内容都非常重要，否则可能会失去标签系统的价值。对于大数据来说，"用"是让数据发挥价值的最大一步，在这里我们也只是举了一个数据应用的简单例子——标签系统。这个例子是数据和运营数据紧密结合的一个案例，也是数据运营或者数据驱动的一个典型案例。只有先结合大数据的技术将数据化运营做好，才能让数据从成本转化成利润，才能真正发挥出大数据的价值。

第五节　大数据的价值分析

一、数据的五大价值

在大数据时代，无论是个人、企业还是政府，都面临着如何管理和利用信息的难题。与此同时，随着数据数量的汇集，数据的管理和分析工作变得格外重要。数据的价值正在成为企业成长的重要动力，它不仅提供了更多的商业机会，也是企业运营情况及财务状况的重要分析依据。如果我们平时做一个有心人，就不难从各种看似不起眼的数据中发现数据的价值，获得数据的价值。

在实际运用中，需要认清数据到底能产生什么价值：有时候，同一组数据可能会在不同场合产生完全不一样的价值；有时候，单一的数据没有什么特别的价值，需要组合起来才能产生……那么，数据的价值主要体现在哪里呢？在这里，我们总结了数据的五大价值。

（一）识别与串联价值

顾名思义，识别的价值，肯定是唯一能够锁定目标的数据。最有价值的，比如身份证、信用卡，还有 E-mail、手机号码等，这些都是识别和串联价值很高的数据。京东和当当网站识别"你"的方法就是你的登录账号。千万不要小看这个账号，如果没有这个账号，网站就只能知道有一些商品被用户浏览了，但是却无法知道是被哪个用户浏览了，更不可能还原出用户的购买行为特点。

当然，识别用户的方法不止登录账号一种，对用户进行识别的传统方法还包括cookie。所谓的 cookie 就是你浏览器里面的一串字符，对于一个互联网公司来说，这是用户身份的一个标记，所以你会发现你在搜索引擎上搜索过一个词语，在很多网站都能看到相关的资讯或者商品的推荐，这就是通过 cookie 来实现的。很多互联网公司都非常依赖cookie，所以会采用各种 cookie 来记录不同的用户类别，单一的 cookie 没有价值，将用户登录不同页面的行为串联起来才产生了核心价值——串联价值。如果你想知道日常生活中哪些是很有价值的识别和串联数据，那么可以回想一下你的银行卡丢失后，你打电话到银行时对方会问你的问题。一般来说，当你忘记密码后，对方会问你"你哪天发工资""你家里的固定电话号码是什么"等类似问题，而这一系列问题就是在把你的个人数据做一个识别和串联。因为在银行怀疑某个人是不是你的时候，生日、固定电话号码是有权重的。有可能在有了 2~3 个这样的数据后，即使你没有密码，银行还是会相信你，为你重新办卡。

所以，千万不要小看识别数据的价值，经验告诉我们，能够辨别关系和身份的数据是最重要的。这些数据应该是有多少存多少，永远不要放弃。在大数据时代，越能够还原用户真实身份和真实行为的数据，就越能够让企业在大数据竞争中保持战略优势。

（二）描述价值

在女人圈，我们经常会听到很多关于"好男人"的标准，比如"身高170～180厘米、体重60～75千克、月收入10000～20000元、不抽烟不喝酒等"，这其实就是将"好男人"这样一个感性的指标数据化了，这里用到的数据就充当了描述研究对象的作用。

在通常情况下，描述数据是以一种标签的形式存在的，它们是通过初步加工的一些数据，这也是数据从业者在日常生活中最为基础的工作。一家公司一年的营业收入、利润、净资产等数据都是描述性的数据。在电商平台类企业日常经营的状况下，描述业务的数据包括成交额、成交用户数、网站的流量、成交的卖家数等，我们可以通过数据对业务的描述来观察交易活动是否正常。

但是，对于企业来说，数据的描述价值与业务目标的实现并不呈正比关系，也就是说，描述数据不是越多越好，而是应该收集和业务紧密相关的数据。比如一家兼有 PC 平台和无线平台业务的电子商务公司，在 PC 上可能更多地关注成交额，而在无线平台上更多关注的应该是活跃用户数。

描述数据对具体的业务人员来说，使其更好地了解业务发展的状况，让他们对日常业务有更加清楚的认知；对于管理层来说，经常关注业务数据也能够让其对企业发展有更好的了解，以做出明智的决策。

描述数据最好的一种方式就是分析数据的框架，在复杂的数据中抽象出核心的点，让使用者能够在极短的时间里看到经营状况，同样，又能够让使用者看到更多他想看的细节数据。分析数据的框架是对一个数据分析师的基本要求——基于对数据的理解，对数据进行分类和有逻辑的展示。通常，优秀的数据分析师都具备非常好的数据框架分析能力。

（三）时间价值

如果你不是第一次在京东上买东西，你曾经的历史购买行为，就会呈现出时间价值。这些数据已经不仅仅是在描述之前买过的物品了，还展示出在这一时间轴上你曾经买过什么，以便让网站对你将要买什么做出最佳预测。

在考虑了时间的维度之后，数据会产生更大的价值。对于时间的分析，在数据分析中是一个非常重要，但往往也是比较有难度的部分。

大数据一个非常重要的作用就是，能够基于大量历史数据进行分析，而时间则是代表历史的一个必然维度。数据的时间价值是大数据运用最直接的体现，通过对时间的分析，能够很好地归纳出一个用户对于一种场景的偏好。而知道了用户的偏好，企业对用户做出的商品推荐也就能够更加精准。

时间价值除了体现历史的数据之外，还有一个价值是"即时"——互联网广告领域的实时竞价，它是基于即时的一种运用。实时竞价就是当用户进入某一个场景之后，各家需求方平台就会来进行竞价，对用户进行数据推送。比如，用户正在浏览一个和化妆品有关的页面或者正在商场逛街，在这个场景中就会出现和化妆品有关的信息。这个化妆品的广告不是预先设置好的，而是在这个具体的场景中通过实时竞价出现的。

（四）预测价值

数据的预测价值分成两个部分。第一个部分是对某一个单品进行预测，比如在电子商务中，凡是能够产生数据、能够用于推荐的，都会产生预测价值。比如，推荐系统推荐了一款 T 恤，它有多大的可能性被点击，这就是预测价值。预测价值本身没有什么价值，它只是在估计这个商品时是有价值的，所以预测数据可以让你对未来可能出现的情况做好准备。推荐系统估计今天会有 10 个用户来买这件 T 恤，这就是预测。再问一个追加问题："你有多大的信心今天能卖出 10 件 T 恤？"你说有 98% 的可能性，那么这就是对未来的预判及准确度的预估。

预测价值的第二部分就是数据对经营状况的预测，即对公司的整体经营进行预测，并能够用预测的结论指导公司的经营策略。在今天的电商中，无线是一个重要的部门，对于新的无线业务来说，核心指标之一就是每天的活跃用户数，而且这个指标也是对无线团队进行考核的重要依据。作为无线团队的负责人，到底怎么判断现在的经营状况和目标之间存在着多大的差距，这就需要对数据进行预测。通过预测，将活跃用户分成新增和留存两个指标，进而分析对目标的贡献度分别是多少，并分别对两个指标制定出相应的产品策略，然后分解目标，进行日常监控。这种类型的数据能够对公司整体的经营策略产生非常大的影响。

（五）产出数据的价值

从数据的价值来说，很多数据本身并没有特别的含义，但是把几个数据组合在一起或者对部分数据进行整合之后就产生了新的价值。比如，在电子商务开始初期，很多人都关注诚信问题，那么如何才能评价诚信呢？于是就产生了两个衍生指标，一个是好评率，一个是累积好评数。这两个指标，就是目前在电商平台的页面上经常看到的卖家的好评率和星钻级别，用户能够基于此了解这个卖家的历史经营状况和诚信状况。但是，仅以这两个指标来对卖家进行评价，会显得略微有些单薄，因为它们无法很精确地衡量卖家的服务水平。于是，又衍生出更多的指标，比如与描述相符、物流速度等，这些指标最终变成了一个新的指标——店铺评分系统，可以用它来综合评价这个卖家的服务水平。

当然，某个单一的商品在电商网站上可能会出现几千条评价，而评价中又是用户站在自己的立场描述的，但是针对某个用户，每次买一样东西都要阅读几千条评价显然是不太可能的，因此就需要把这些评价进行重新定位，以产生出新的能够帮助用户做出明智购买决策的数据，这些数据就是关键概念的抽取。

在认识了数据的价值后，我们就能更好地识别出哪些是我们想要的核心数据，就能够更好地发挥数据的作用。精细的数据分类、严格的数据生产加工过程，将让我们在使用数据时游刃有余。

二、大数据价值的具体分析

（一）大数据不一定有大价值

国际权威的数据公司对数据的价值有这样的一个预测，到 2015 年，大数据市场将增长至 169 亿美元，该领域每年的增长率将达到 40%，约为其他信息技术领域的 7 倍。有的研究公司指出，2011 年，大数据专营供应商财政收入不到 5 亿美元。尽管这只占该领域总收入的较小份额，但他们认为，这些大数据专营供应商已成为创新的主要来源。

不可否认，很多互联网企业掌握着庞大的数据，如果没有对其进行数据分析，这些大数据就是一个沉重的负担。前面说过，光是采集和储存这些数据就要耗费很多人力资源和时间成本，而采集到的数据不经分析就无法给企业带来利润，企业在这一过程中就只有支出没有收入。

麦肯锡公司调查发现，大数据确实给很多行业带来了价值，比如为美国的医疗行业带来了每年 3000 亿美元的价值，而其他的行业也一样可以从大数据中受惠。大数据带来大价值，但是大数据不等于大价值，就像一座未开发的金矿不等于黄金万两一样。金矿只有通过开发成为金砖并放到交易市场上之后才能产生价值，而数据只有通过技术和分析工具显现在大家面前，使数据变成信息，然后分离出有用的信息，才能产生价值。大数据也是一样，无非就是数据的量不同。

大数据就像一座庞大的冰山，大量的数据都隐藏在海面之下，显现出来的只有一点点。如何将这些大量的数据挖掘出价值，这和 IT 技术进步相关。现在，计算机硬件和软件的计算能力都越来越强大，使得我们从大量数据中提取有用信息的速度也越来越快，很多以前我们无法计算的问题现在都能够得到解决。例如，富士通帮日本的医疗机构做数据挖掘，其中一个项目是将很多电子病历、抑郁症患者的 DNA 信息、抑郁症患者的重点发病地都结合起来。他们根据病例、气象、DNA、地域数据，分析抑郁症患者自杀的概率，建立数据模型进行验证。这在过去是不可能做到的，但现在有了 IT 技术，可以把假设通过技术很快地运算出来并加以验证，这样，以前没有体现出价值的数据便体现出了价值。另外，过去某些大数据可能也是可以进行分析的，但是因为数据量太大或者计算过于复杂，得到结果的速度实在太慢，等结果出来时，数据的时效性可能已经过了。比如我们要预测第二天的天气，以前的计算机可能需要三四天才能计算出来，而等到计算结果出来，预测本身已经失去了意义。而现在，同样的计算可能只需要几个小时，这样，预测本身的价值就体现出来了。

大数据不等于大价值，但大数据分析做好后，就会带来大价值。随着大数据技术的发展，一些现在将大数据视为负担的企业将越来越多地感受到大数据分析带来的甜头。

（二）大数据也会有价值遗憾

因为数据给人带来的实际用途是优劣并存的，所以大数据的价值到底有多大，目前没有谁能给出准确的计量。

2013 年，国外著名的社交网站脸谱实现 60 亿美元的收益，而创造这么多收益的脸谱居然没有向用户收取一分钱。脸谱的所有服务对用户都完全免费。如果你是脸谱的用户，你会不会觉得你使用脸谱的服务简直是在占这个网站的便宜呢？脸谱不是慈善机构，它的管理者不是国王，其网站不是供所有人免费使用的牛皮公路。事实上，正如 2010 年《时代》周刊评选出的 100 位最具影响力的人物之一的思想家杰伦·拉尼尔所说："脸谱的用户 2013 年将为这家公司创造 60 亿美元的收入，却得不到一分钱的报酬。"拉尼尔为什么这么说呢？这又是一个大数据的案例了。脸谱应该有自己的盈利方式，只是人们不知道它是如何盈利的罢了。这是非常正确的想法，事实也确实如此。

脸谱的价值正是数以亿计的用户在使用过程中不知不觉积累的大数据形成的。通过分析用户的爱好、身份资料、个人信息和浏览习惯，脸谱就能够猜测到每个用户的消费喜好，比如，你最容易被哪类广告吸引，每个网站页面都有一个"喜好按钮"，哪怕你从来不按按钮，你的信息也会被反馈给脸谱。在大数据时代，数据就是金矿，而创造数据的用户便是产生金矿的原材料。脸谱的主要产品是社交网络，而造就一个良好社交网络的最重要因素是它的内容。为脸谱提供内容的，正是一个个用户。用户提供的内容使网站变得美好，而他们的个人信息使得网站变得有价值。这一切都解释了为什么像脸谱这么一家雇员少于5000 人的公司，如今市值超过 650 亿美元。在拉尼尔看来，这是一种巨大的不公平，也是大数据时代的一个巨大缺陷。像脸谱一样的公司，通过收集我们的各种行为数据获得巨大利润，而我们的行为本身却被视为是毫无价值的，似乎它们无须为我们的劳动付出任何报酬。这么看来，在大数据时代，表面上我们是在免费使用着某些公司的各种资源，而实际上是我们付出各种劳动，某些公司免费收集着我们产生的数据，没有给我们任何报酬。

如今，大数据能在各行各业发挥其他工具完全无法代替的作用，但大数据并不是万能的，并不是任何时候、任何场合都适用。大数据本身也有局限性，在大数据成为一个热门话题的今天，我们不能迷信大数据，而是需要弄清楚状况，知道什么时候需要使用大数据，什么时候需要使用其他工具。

几年前，世界爆发金融危机时，意大利一家大银行的 CEO 做出了一个让很多人都觉得不符合常规的决定。考虑到经济的疲软以及未来欧元危机的前景，很多人认为他应该会退出意大利市场，可是他最终决定留在意大利挺过任何潜在的危机。做决定前，这位CEO 让手下的智囊团预测出可能发生的一系列不利情况，计算出这些情况对于公司意味着什么。但是最终，他还是根据价值判断做出了决定。他的银行已经在意大利经营几十年，他不想让意大利人觉得他的银行是一个不可以共患难的朋友，他也想让银行里的员工觉得时局艰难时公司不会转移，即便这样做会有一些短期的成本损失。他在做决定时没有忘记参考数据分析，最终，他遵循了这一条思路。结果表明，这条思路无疑是正确的。

商业有赖于信任，信任是带有感情的互惠行为。在艰难时期仍然坚守诚信的公司和人会赢得别人的好感和尊重，即便这些不易通过数据来衡量，也是极有价值的。这个故事里面暗藏了大数据分析的优点和局限。在当今这一历史性时刻，用于数据收集的计算机正调节着我们的生活。在这个世界，数据可以用于帮助我们理解令人难以置信的复杂情况，可以帮助我们弥补自己直觉上的过度自信，帮助我们减轻因为情感、观念、经验等主观因素导致的对事实的扭曲。但是，还有很多事大数据是无能为力的。比如，大数据对准确描述社会活动是无能为力的。人的大脑在数学方面很差，但是在社会认知上很优秀。我们总能从一个人面部表情的微弱变化捕捉到其很细微的情绪，从一个微小的动作判断其心理状态。同时，我们很多时候需要用情感来对一些事物进行价值判断。这些方面，大数据并不擅长。大数据分析本身是由计算机来进行的，它善于衡量社会交往的数量而非质量。比如，一个社交网络专家或许可以通过大数据分析绘制出你在平时 80% 的时间里与常见的 10 名同事或朋友的交往情况，但它没办法通过大数据分析捕捉到你对在某个很遥远的地方生活的近些年从来没有见面的前女友的复杂情感。因此，在做有关社会关系的决策时，想要用办公桌上的粗糙机器替代神奇大脑的想法是很浅薄和愚蠢的。

大数据在解决很多领域的重大问题方面也有局限。一个公司可以做一个随机对照试验来判断到底是哪一封促销邮件勾起了用户的购买欲，但一个政府不能用同样的办法来刺激萧条的经济，因为没有另外一个政府做对照。怎样能够刺激经济增长，这个问题经济学家和政府官员都很关心，也引发过很多争论。关于这个问题，我们有堆积如山的数据可用，但是没有哪位参与争论的人会被数据说服。

而且，大数据分析更偏向分析潮流和趋势，对一些突出的、特异的个例则毫无办法。当大量个体对某种文化产品迅速产生兴趣时，大数据分析可以敏锐地侦测到这种趋势，但其中一些可能非常杰出的东西从一开始就被数据摒弃了，因为它们的特异之处并不为人所知。

另外，数据本身也有局限。纽约大学教授丽莎·吉特曼有一本学术著作《原始数据只是一种修辞》，书中指出：数据从来都不可能是原始存在的，因为它不是自然的产物，而是依照一个人的倾向和价值观念被构建出来的。我们最初定下的采集数据的办法已经决定数据将以何种面貌呈现出来。数据分析的结果看似客观公正，但其实价值选择贯穿了从构建到解读的全过程。数据会掩盖价值，没有任何数据是原始的，往往是根据人的倾向和价值观构建起来的。最终的结果看起来很无私，但实际上，从构建到演绎的整个过程一直伴随着价值选择。

这并不是说大数据就没什么了不起的，而是说数据和其他工具一样，在一些方面有价值，而在另一方面则存在着遗憾。

（三）旧数据也会有新用途

企业、政府乃至个人都积累了不少各方面的数据，这些数据有些是几十年前的，有的甚至有数百年的历史。那么这些数据除了偶尔被历史学家考证使用外，还能派上其他用场吗？答案是肯定的。

人们在看待数据时，常常会犯一个常见的错误：他们喜欢新的数据，认为新的数据更及时、更全面，而那些陈旧的数据似乎没什么用处。而事实远非如此。很多旧的大数据里，也蕴含着不少我们没有发觉的金矿。这些数据被整理分析后，一样能得到非常有用的信息。

美国著名摄影师和出版人里克·斯莫兰是一个有趣的人，他做了许多跟大数据有关的摄影项目，其中有个项目叫"大数据人类面孔"。这个项目启动了一个为期8天的"测量我们的世界"的活动，邀请全球各地的人们通过智能手机实时分享和对比他们的生活。其中，有一张照片是里克·斯莫兰和一位计算机科学家、一位心脏病学家兼计算生物学家站在一堆废弃的心电图数据纸带中。这个3人团队创建了一个全新的计算机模型，它可以用来分析那些曾经被丢弃的心电图数据，从中发现被忽视的心脏疾病复发信号，并能大大改进今天的心脏病风险筛查技术。

对于很多人来说，那些已经过时的心电图数据是毫无价值的，所以那些数据纸带完全就是一堆废纸。可是，聪明的科学家们就是对那些废纸里的数据进行分析才得到振奋人心的科研成果的。不仅是科研方面需要陈旧的数据，其他方面一样需要。比如曾有这么一个例子：一家石油勘探公司有一个新系统可以提供尼日利亚的3D地质数据，但是该公司没有太多的文件数据库供这个系统进行深度分析。一位存储管理员记得某处存有大量的旧图片，然后他通过一个商业智能分析工具来分析这些数据是否可以用于新系统。结果这家石油勘探公司得以将数十年的旧数据导入新系统。将这些旧数据与新的材料交叉分析，帮助这家公司取得了几项重大发现。以上是大数据在科研和商业方面的应用。而在政府服务方面，历史上就有一个很好的反面例子。

朝鲜战争爆发前8天，美国民间咨询公司兰德公司通过秘密渠道告知美国对华政策研究室，他们投入大量人力和资金研究了一个课题——"如果美国出兵朝鲜，中国的态度将会怎样"，而且第一个研究成果已经出来了，虽然结论只有一句话，却索价500万美元。当时美国对华政策研究室认为这家公司疯了，对他们一笑置之。

但是几年后，在朝鲜战场上，当美军被中国人民志愿军和朝鲜军队打得丢盔卸甲、狼狈不堪时，美国国会开始辩论"出兵朝鲜是否真有必要"的问题，在野党为了使其在国会上的辩论言之有理，急忙用280万美元的价格买下了该咨询公司这份已经过时的研究成果。研究的结论只有一句话："中国将出兵朝鲜。"但是，在这一句话结论后附有长达600页的分析报告，详尽地分析了中国的国情，以充分的证据表明中国不会坐视朝鲜的危机而不救，必将出兵并置美军于进退两难的境地。并且，这家咨询公司断定：一旦中国出兵，美国将以不光彩的姿态主动退出这场战争。从朝鲜战场回来的美军总司令麦克阿瑟将军得知这个研究之后，感慨道："我们最大的失策是怀疑咨询公司的价值，舍不得为一条科学的结论付出不到一架战斗机的代价，结果是我们在朝鲜战场上付出了830亿美元和10万多名士兵的生命。"

看过这些例子，还有谁会觉得旧数据是没用的垃圾呢？有的数据可能以某一种方式来分析时是无用的，而通过另一种分析方式就能得出有价值的信息；有的数据现在可能没什么分析价值，但这不代表它以后也不会有分析价值。大数据时代，没有不能分析的数据，没有毫无价值的数据。无论是陈旧的大数据还是新的大数据，都有派上用场的地方。

三、大数据分析平台

大数据技术的战略意义不在于掌握庞大的数据信息，而在于对这些含有意义的数据进行专业化处理。换言之，如果把大数据比作一种产业，那么这种产业实现盈利的关键，在于提高对数据的"加工能力"，通过"加工"实现数据的"增值"。人们常说：数据隐含价值，技术发现价值，应用实现价值。问题的关键是大数据怎样才能被有效地利用，以促进企业健康有序地发展。在企业的经营管理中越来越多地应用大数据，每日激增的业务数据和市场信息数据等都呈现了大数据不断增长的多样性和复杂性，大数据分析方法显得尤为重要，可以说是判断最终信息是否有价值的决定性因素。

大数据分析可以沿用传统数据分析算法、一般性描述统计、时间序列分析、线性回归分析、曲线回归分析、多目标分析、序贯分析、仿真分析和在数据挖掘中的聚类算法、分类算法、关联规则和人工神经网络等，这些方法都可以在一定程度上对数据进行处理。考虑到大数据的流动性和异动性，利用新的大数据算法分析不管是在成本和效率上都更有优势，下面介绍一些大数据分析挖掘平台。

（一）商用大数据分析平台

开源的大数据分析平台一般来说对技术要求高，实时性比较差，而商用的大数据分析平台费用昂贵，但是能为客户提供技术支持。常用的商用大数据分析平台有以下几类。

1. 一体机

一体机是指通过标准化的架构集成了服务器、存储、网络、软件等配置，简化了数据中心基础设施部署和运维管理的复杂性的一体化设备。大数据一体机（big dataappliance）即通过一体机的产品形态，解决了大数据时代基础设施的持续扩展问题、数据处理的个性化和一体化需求问题、海量数据的存储成本问题。

大数据一体机是一种专为大量数据分析处理而设计的软件、硬件相结合的产品，由一组集成的服务器、存储设备、操作系统、数据库管理系统以及一些为数据查询、处理、分析用途而特别预先安装及优化的软件组成，为中等至大型的数据仓库市场（通常数据量在

TB 至 PB 级别）提供解决方案。从技术特点上看，大数据一体机的主要特征如下：

（1）采用全分布式新型体系结构，突破大数据处理的扩展瓶颈并保障可用性。采用全分布式大数据处理架构，将硬件、软件整合在一个体系中，采用不同的数据处理架构来提供对不同行业应用的支撑。通过全分布式大数据处理架构和软硬件优化，使得平台能够随着客户数据的增长和业务的扩张，可通过纵向扩展硬件得到提升，也可通过横向增加节点进行线性扩展，即使在达到 4000 个计算单元重载节点情况下，也还能够实现相接近线性的扩展性和低延迟、高吞吐量的性能，同时保证业务的连续性。

（2）覆盖软硬一体全环节，满足个性化定制需求。采用软硬件一体的创新数据处理平台，针对不同应用需求融合硬件到软件的一系列的手段实现数据采集、数据存储、数据处理、数据分析到数据呈现的全环节覆盖，为用户提供整体方案，用户可以根据各自应用特点选择不同系列的产品，实现按需定制。

除了以上两点之外，由于大数据产品的专业性和其不同于传统的解决方案，产品提供商针对用户在整个数据处理环节提供全方位的专业化服务，帮助用户明确应用需求，选择适合的软硬件架构，提供开发方面的支持，并帮助客户把程序从原有的模式移植到大数据处理模式下，从调优直至上线应用提供整体一条龙的服务。

目前，大数据一体机市场已经形成了供应商百花齐放的局面。IBM、Oracle、EMC、浪潮等都推出了面向大数据的一体化产品和解决方案，如 IBM Pure Data（Netezza）、Oracle Exadata、SAP Hana 等。

2. 数据仓库

数据仓库由数据仓库之父比尔·恩门（Bill Inmon）于 1990 年提出，主要功能仍是将组织透过信息系统的 OLTP 经年累月所累积的大量资料，通过数据仓库理论所特有的资料储存架构，做系统地分析整理，以利于各种分析方法如 OLAP、DM 的进行，并进而支持如决策支持系统（DSS）、主管资讯系统（EIS）的创建，帮助决策者快速有效地从大量资料中分析出有价值的信息，辅助决策拟定及快速回应外在环境变动，帮助建构商业智能（BI），如 Teradata Aster Data、EMC Green Plum、HP Vertica 等。

数据仓库是在数据库已经大量存在的情况下，为了进一步挖掘数据资源，为了决策需要而产生的，它并不是所谓的"大型数据库"。数据仓库方案建设的目的，是为前端查询和分析做基础，由于有较大的冗余，所以需要的存储也较大。数据仓库往往有如下几个特点。

（1）效率足够高。数据仓库的分析数据一般分为日、周、月、季、年等，可以看出，日为周期的数据要求的效率最高，要求 24 小时甚至 12 小时内，客户能看到昨天的数据分析。由于有的企业每日的数据量很大，设计不好的数据仓库经常会出问题，要延迟 1—3 日才能给出数据，这样显然是不行的。

（2）数据质量。数据仓库所提供的各种信息，肯定要是准确的数据，但由于数据仓库流程通常分为多个步骤，包括数据清洗、装载、查询、展现等，复杂的架构会有更多层次，那么数据源有脏数据或者代码不严谨，都可能导致数据失真，客户看到错误的信息就可能导致做出错误的决策，造成损失。

（3）扩展性。之所以有的大型数据仓库系统架构设计复杂，是因为考虑到了未来3~5年的扩展性，这样的话，未来不用花太多钱去重建数据仓库系统，就能很稳定运行。主要体现在数据建模的合理性上，数据仓库方案中多出一些中间层，使海量数据流有足够的缓冲，不至于数据量大很多就无法运行。

3. 数据集市

在为企业建立数据仓库时，开发人员必须针对所有的用户，从企业的全局出发，来对待企业需要的任何决策分析。这样建立数据仓库就成了一个代价高、时间长、风险大的项目。因此，更加紧凑集成、拥有完整应用工具、投资少、规模小的数据集市（data mart）就应运而生了。

数据集市是一种更小、更集中的数据仓库，它是具有特定应用的数据仓库，主要针对某个具有战略意义的应用或具体部门级的应用，从范围上来说，数据是从企业范围的数据库、数据仓库，或者是更加专业的数据仓库中抽取出来的。它支持客户利用已有的数据获得重要的竞争优势或找到进入新市场的解决方案，是为企业提供分析商业数据的一条廉价途径。数据集市的特征有：（1）规模小，面向部门，而不是整个企业；（2）有特定的应用，不是满足企业所有的决策分析需求；（3）主要由业务部门定义、设计和实现；（4）可以由业务部门管理和维护；（5）成本低，开发时间短，投资风险较小；（6）可以升级到企业完整的数据仓库。

（二）开源大数据生态圈

Google 作为全球最大的搜索引擎和云计算服务提供商，率先遇到了 PB 级海量数据的处理问题。它没有采用传统的存储和高性能计算技术，而是独辟蹊径地创造了 GFS 分布式文件系统和 Map Reduce 分布式计算框架，通过聚合数以万计普通服务器的存储和计算资源，实现了超大规模数据集的高效处理，取得了巨大的成功。Apache Hadoop 项目则是GFS 和 Map Reduce 的开源实现，其符合大数据环境的开发而受到青睐，目前已成为世界上最有影响力的开源云计算平台和大数据分析平台，而且已得到了广泛的应用，全球已经安装了数以万计的 Hadoop 系统。Hadoop 实现分布式存储和处理器数据有五大优势。

1. 高扩展性

Hadoop 是一个高度可扩展的存储平台，因为它可以存储和分发横跨数百个并行操作的廉价的服务器数据集群。传统的关系型数据库系统不能扩展到处理大量的数据，而Hadoop 能给企业提供涉及成百上千 TB 的数据节点上运行的应用程序。

2. 成本效益

Hadoop 还为企业用户提供了极具成本效益的存储解决方案。传统的关系型数据库管理系统的问题是，它并不符合海量数据的处理器，不符合企业的成本效益。许多公司过去不得不假设哪些数据最有价值，然后根据这些有价值的数据设定分类，如果保存所有的数据，那么成本就会过高。虽然这种方法可以短期内实现工作，但是随着数据量的增大，这种方式并不能很好地解决问题。Hadoop 的架构则不同，其被设计为一个向外扩展的架构，可以经济地存储所有公司的数据供以后使用，节省的费用是非常惊人的，Hadoop 提供的是数百 TB 的存储和计算能力，不是几千块钱就能解决的问题。

3. 灵活性更好

Hadoop 能够使企业轻松访问到新的数据源，并可以分析不同类型的数据，从这些数据中产生价值，这意味着企业可以利用 Hadoop 的灵活性从社交媒体、电子邮件或点击流量等数据源获得宝贵的商业价值。此外，Hadoop 的用途非常广，诸如对数处理、推荐系统、数据仓库、市场活动进行分析以及检测。

4. 速度更快

Hadoop 拥有独特的存储方式，用于数据处理的工具通常在与数据相同的服务器上，从而能够更快地处理数据，如果用户正在处理大量的非结构化数据，Hadoop 能够有效地在几分钟内处理 TB 级的数据，而不是像以前那样处理 PB 级数据都要以小时为单位。

5. 容错能力强

使用 Hadoop 的一个关键优势就是它的容错能力。当数据被发送到一个单独的节点，该数据也被复制到集群的其他节点上，这意味着在故障情况下，存在另一个副本可供使用。

第二章 企业财务会计理论

第一节 企业财务会计

一、会计的概念和作用

会计是以货币为主要计量单位，利用专门的方法和程序，对企业和行政、事业单位的经济活动进行完整的、连续的、系统的反映和监督，旨在提供经济信息和提高经济效益的一项经济管理活动。在企业，会计主要反映企业的财务状况、经营成果和现金流量，并对企业经营活动和财务收支进行监督。会计是随着人类社会生产的发展和经济管理的需要而产生、发展并不断完善起来的。人类文明不断进步，社会经济活动不断革新，生产力不断提高，会计的核算内容、核算方法等也得到了较大发展，逐步由简单的计量与记录行为发展为以货币为计量单位综合反映和监督经济活动过程的一种经济管理工作，并在参与单位经营管理决策、提高资源配置效率、促进经济健康持续发展方面发挥积极作用。

二、会计的作用

会计是现代企业一项重要的基础性工作，通过一系列会计程序，提供对决策有用的信息，并积极参与经营管理，提高企业经济效益，服务于市场经济的健康有序发展。具体来说，会计在社会主义市场经济中的作用，主要包括以下几个方面。

第一，提供对决策有用的信息，提高企业信息透明度，规范企业行为。会计通过其反映职能，提供有关企业财务状况、经营成果和现金流等方面的信息，是投资者和债权人等财务报告的使用者进行决策的依据。例如，对于作为企业所有者的投资者来说，他们为了选择投资对象、衡量投资风险、做出投资决策，需要了解有关企业经营情况方面的信息及其所处行业的信息；对于作为债权人的银行来说，他们为了选择贷款对象、衡量贷款风险、做出贷款决策，需要了解企业的短期偿债能力和长期偿债能力，以及企业所处行业的基本情况及其在同行业所处的地位；对于作为社会经济管理者的政府部门来说，他们为了制定经济政策、进行宏观调控、配置社会资源，需要从总体上掌握企业的资产负债结构、损益状况和现金流转情况，从宏观上把握经济运行的状况和发展变化趋势。所有这一切，都需要会计提供有助于他们进行决策的信息，通过提高企业信息透明度来规范企业的会计行为。

第二，加强经营管理，提高经济效益，促进企业可持续发展。企业经营管理水平的高低直接影响着企业的经济效益、经营成果、竞争能力和发展前景，在一定程度上决定着企业的前途和命运。为了满足企业内部经营管理对会计信息的需要，现代会计已经渗透到了企业内部经营管理的各个方面。例如，会计通过分析和利用有关企业财务状况、经营成果和现金流量方面的信息，可以全面、系统地了解企业生产经营活动情况、财务状况和经营成果，并在此基础上预测和分析未来发展前景；可以通过发现过去经营活动中存在的问题，找出存在的差距及原因，并提出改进措施；可以通过对预算的分解和落实，建立内部经济责任制，从而做到目标明确、责任清晰、考核严格、赏罚分明。总之，会计通过真实地反映企业的财务信息，参与经营管理，为处理企业与各方面的关系、考核企业管理人员的经营业绩、落实企业内部管理责任奠定基础，有助于发挥会计工作在加强企业经营管理、提高经济效益方面的积极作用。

第三，考核企业管理层经济责任的履行情况。企业接受了包括国家在内的所有投资者和债权人的投资，就有责任按照其预定的发展目标和要求，合理利用资源，加强经营管理，提高经济效益，接受考核和评价。会计信息有助于评价企业的业绩，有助于考核企业管理层经济责任的履行情况。

三、会计的分类

（一）按会计主体所处的行业可以分为制造业企业会计、商业企业会计、农业企业会计、行政事业单位会计和非营利组织会计等

制造业企业会计、商业企业会计和农业企业会计总称企业会计，以权责发生制为基础对企业的经济活动进行会计核算。其中制造业企业会计和农业企业会计涉及生产（或培育）过程，成本核算是其会计核算的重要组成部分。行政事业单位会计和非营利组织会计均不以营业为目的，目前主要以收付实现制为基础对其业务活动进行会计核算。本节主要是讲解制造业经济活动的会计核算。

（二）按会计系统的组成可以分为财务会计和管理会计

会计系统是由财务会计和管理会计联合而成的，是企业管理系统的核心子系统，二者统一服务于现代企业会计管理的总体要求，共同为实现企业内部经营管理的目标和满足外部各利益相关者的要求服务。

1. 财务会计

财务会计是以传统会计为主要内容，通过一定的程序和方法，将企业生产经营活动中

大量的、日常的业务数据，经过记录、分类和汇总，编制成会计报表，向企业外部与企业有利害关系的集团和个人提供反映企业财务状况、经营成果的财务报表。财务会计工作的重点偏向事后反映，主要为企业外界服务，财务会计又称为"外部会计"。

2.管理会计

管理会计是为适应现代企业管理的需要，突破原有会计领域而发展起来的一门相对的会计学科。管理会计主要利用财务会计提供的会计信息及生产经营活动中的有关资料，运用数学、统计等方面的一系列方法，通过整理、计算、对比、分析，向企业内部各级管理人员提供会计报告，便于他们进行短期和长期经营决策，制订计划，指导和控制企业经营管理。管理会计的侧重点在于对企业经营管理遇到的特定问题进行分析研究，为企业内部管理服务，管理会计又称为"内部会计"。

四、财务会计的目标

财务会计目标也称财务报告目标，是指企业编制财务报告、提供会计信息的目的，对财务会计的规范发展起着导向性作用。财务报告目标从传统上来讲有两种观点：一是受托责任观；二是决策有用观。

（一）受托责任观和决策有用观主要形成于公司制企业

在公司制企业下，公司财产的所有权与经营权分离，受托者接受委托者的委托后，获得了财产的自主经营权和处置权，但负有定期向委托者报告其受托责任履行情况的义务。财务会计受托责任观的核心内容是：财务报告目标应以恰当方式有效反映受托者受托管理委托人财产责任的履行情况。财务报告在委托人和受托人之间发挥着桥梁作用，核心是揭示过去的经营活动与财务成果。

决策有用观则主要源于资本市场的发展。随着公司制企业的发展，公司的股权进一步分散，分散的投资者关注的核心从公司财产本身转向公司价值管理和资本市场股票的表现。公司的财务报告为此需要向投资者提供与其投资决策相关的信息，这就是基于资本市场的财务报告的决策有用观。财务报告决策有用观的核心内容是：财务报告应当向投资者等外部使用者提供对决策有用的信息，尤其是提供与企业财务状况、经营成果、现金流量等相关的信息，从而有助于使用者评价公司未来现金流量的金额、时间和不确定性。

（二）我国关于财务报告目标的规定

我国的《企业会计准则——基本准则》规定，财务报告的目标是向财务报告使用者提供与企业财务状况、经营成果和现金流量等有关的会计信息，反映企业管理层受托责任履行情况，有助于财务报告使用者做出经济决策。我国对财务报告目标的界定，兼顾了决策有用观和受托责任观。

五、财务会计的内容

（一）会计基本假设

会计基本假设是企业会计确认、计量和报告的前提，是对会计核算所处时间、空间环境等所做的合理设定。会计基本假设包括会计主体、持续经营、会计分期和货币计量。

1. 会计主体

会计主体，是指企业会计确认、计量和报告的空间范围。在会计主体的假设下，企业应当对其本身发生的交易或者事项进行会计确认、计量和报告，反映企业本身所从事的各项生产经营活动。明确界定会计主体是开展会计确认、计量和报告工作的重要前提。

会计主体不同于法律主体。一般来说，法律主体必然是一个会计主体。例如，一个企业作为一个法律主体，应当建立财务会计系统，独立反映其财务状况、经营成果和现金流量。但是会计主体不一定是法律主体。例如，在企业集团的情况下，一个母公司拥有若干子公司，母公司、子公司虽然是不同的法律主体，但是母公司对于子公司拥有控制权，为了全面反映企业集团的财务状况、经营成果和现金流量，就有必要将企业集团作为一个会计主体，编制合并财务报表。再如，由企业管理的证券投资基金、企业年金基金等，尽管不属于法律主体，但属于会计主体，应当对每项基金进行会计确认、计量和报告。

2. 持续经营

持续经营，是指在可以预见的将来，企业将会按当前的规模和状态继续经营下去，不会停业，也不会大规模削减业务。在持续经营的前提下，会计确认、计量和报告应当以企业持续、正常的生产经营活动为前提。

明确这个基本假设就意味着会计主体将按照既定用途使用资产，按照既定的合约条件清偿债务，会计人员就可以在此基础上选择会计原则和会计方法。如果判断企业会持续经营，就可以假定企业的固定资产会在持续经营的生产经营过程中长期发挥作用，并服务于生产经营过程，固定资产就可以根据历史成本进行记录，并采用折旧的方法，将历史成本分摊到各个会计期间或相关产品的成本中。如果判断企业不会持续经营，固定资产就不应采用历史成本进行记录并按期计提折旧。

3. 会计分期

会计分期，是指将一个企业持续经营的生产经营活动划分为一个个连续的、间隔相同的期间。会计分期的目的，在于将持续经营的生产经营活动划分成连续、相等的会计期间，据以结算盈亏，按期编报财务报告，从而及时向财务报告使用者提供有关企业财务状况、经营成果和现金流量的信息。

在会计分期假设下，企业应当划分会计期间，分期结算账目和编制财务报告。会计期间通常分为年度和中期。在我国，年度是指公历1月1日至12月31日。中期，是指短于一个完整的会计年度的报告期间，如月度、季度、半年度等。明确会计分期假设的意义重大，由于会计分期，才产生了当期与以前期间、以后期间的差别，才使不同类型的会计主体有了记账的基准，进而出现了折旧、摊销等会计处理方法，从而形成了权责发生制和收付实现制。

4. 货币计量

货币计量，是指会计主体在财务会计确认、计量和报告时以货币为主要计量单位，反映会计主体的生产经营活动。

在有些情况下，统一采用货币计量也有缺陷，某些影响企业财务状况和经营成果的因素，如企业经营战略、研发能力、市场竞争力等，往往难以用货币来计量，但这些信息对于使用者决策也很重要，为此，企业可以在财务报告中补充披露有关非财务信息来弥补上述缺陷。我国的会计核算应以人民币为记账本位币。业务收支以外币为主的企业，也可以选择某种外币作为记账本位币，但编制的财务会计报告应当折算为人民币；在境外设立的中国企业向国内报送财务会计报告时，应当折算为人民币。

（二）会计基础

企业会计的确认、计量和报告应当以权责发生制为基础。权责发生制要求，凡是当期已经实现的收入和已经发生或应当负担的费用，无论款项是否收付，都应当作为当期的收入和费用，计入利润表；凡是不属于当期的收入和费用，即使款项已在当期收付也不应当作为当期的收入和费用。

在实务中，企业交易或者事项的发生时间与相关货币收支时间有时并不完全一致。例如，款项已经收到，但销售并未实现；或者款项已经支付，但并不是为本期生产经营活动而发生的。为了更加真实、公允地反映特定会计期间的财务状况和经营成果，基本准则明确规定，企业在会计确认、计量和报告中应当以权责发生制为基础。

收付实现制是与权责发生制相对应的一种会计基础，它是以收到或支付的现金作为确认收入和费用等的依据。目前，我国的行政单位会计采用收付实现制，事业单位会计除经营业务可以采用权责发生制外，其他大部分业务都采用收付实现制。

（三）会计信息质量要求

会计信息质量要求是对企业财务报告中所提供的会计信息质量的基本要求，是财务报告中所提供的会计信息应具备的基本特征，它主要包括可靠性、相关性、可理解性、可比性、实质重于形式、重要性、谨慎性和及时性等。

1. 可靠性

可靠性要求企业应当以实际发生的交易或者事项为依据进行确认、计量和报告，如实反映符合确认和计量要求的各项会计要素及其他相关信息，保证会计信息真实可靠、内容完整。不得根据虚构的、没有发生的或者尚未发生的交易或者事项进行确认、计量和报告。编制的报表及其附注内容等应当完整，不能随意遗漏或者减少应予披露的信息，与使用者决策相关的有用信息都应当充分披露。

2. 相关性

相关性要求企业提供的会计信息应当与投资者等财务报告使用者的经济决策需要相关，有助于投资者等财务报告使用者对企业过去、现在或者未来的情况做出评价或者预测。

会计信息质量的相关性要求，企业在确认、计量和报告会计信息的过程中，应充分考虑使用者的决策模式和信息需要。但是相关性是以可靠性为基础的，两者之间并不矛盾，不应将两者对立起来。也就是说，会计信息在可靠性的前提下，要尽可能地做到相关性，以满足投资者等财务报告使用者的决策需要。

3. 可理解性

可理解性要求企业提供的会计信息应当清晰明了，便于投资者等财务报告使用者理解和使用。

企业编制财务报告、提供会计信息的目的在于让使用者有效地使用会计信息，因此使用者必须了解会计信息的内涵，弄懂会计信息的内容，这就要求财务报告所提供的会计信息应当清晰明了、易于理解。只有这样，才能提高会计信息的有用性，实现财务报告的目标，满足向投资者等财务报告使用者提供对决策有用信息的要求。

4. 可比性

可比性要求企业提供的会计信息相互可比。主要包括两层含义：

（1）同一企业不同时期可比

为了便于投资者等财务报告使用者了解企业财务状况、经营成果和现金流量的变化趋势，比较企业在不同时期的财务报告信息，全面、客观地评价过去、预测未来，从而做出决策，会计信息应当可比。会计信息质量的可比性要求同一企业不同时期发生的相同或者相似的交易或者事项，应当采用一致的会计政策，不得随意变更。但是满足会计信息可比性要求，并非表明企业不得变更会计政策，如果按照规定或者在会计政策变更后可以提供更可靠、更相关的会计信息的，可以变更会计政策。有关会计政策变更的情况，应当在附注中予以说明。

（2）不同企业相同会计期间可比

为了便于投资者等财务报告使用者评价不同企业的财务状况、经营成果和现金流量及其变动情况，要求不同企业同一会计期间发生的相同或者相似的交易或者事项，应当采用相同或相似的会计政策，确保会计信息口径一致、相互可比。

5. 实质重于形式

实质重于形式要求企业应当按照交易或者事项的经济实质进行会计确认、计量和报告，而不仅仅以交易或者事项的法律形式为依据。

企业发生的交易或事项，在多数情况下，其经济实质和法律形式是一致的。但在某些特定情况下，会出现不一致。例如，以融资租赁方式租入的资产，虽然从法律形式上企业并不拥有其所有权，但是由于租赁合同中规定的租赁期相当长，接近于该资产的使用寿命，租赁期结束时承租企业有优先购买该资产的选择权，在租赁期内承租企业有权支配资产并从中受益等，因此，从其经济实质来看，企业能够控制融资租入资产所创造的未来经济利益，在会计确认、计量和报告上就应当将以融资租赁方式租入的资产视为企业的资产，列入企业的资产负债表。

6. 重要性

重要性要求企业提供的会计信息应当反映与企业财务状况、经营成果和现金流量有关的所有重要交易或者事项。在实务中，如果会计信息的省略或者错报会影响投资者等财务报告使用者的决策判断，该信息就具有重要性。重要性的应用需要依赖职业判断，企业应当根据其所处环境和实际情况，从项目的性质和金额大小两方面来判断。

7. 谨慎性

在市场经济环境下，企业的生产经营活动面临着许多风险和不确定性，如应收款项的可收回性、固定资产的使用寿命、无形资产的使用寿命、售出存货可能发生的退货或者返修等。会计信息质量的谨慎性要求，企业在面临不确定性因素的情况下做出职业判断时，应当保持应有的谨慎，充分估计到各种风险和损失，既不高估资产或者收益，也不低估负债或者费用。例如，要求企业对可能发生的资产减值损失计提资产减值准备、对售出商品可能发生的保修义务确认预计负债等，就体现了会计信息质量的谨慎性要求。

8. 及时性

及时性要求企业对已经发生的交易或者事项，应当及时进行确认、计量和报告，不得提前或者延后。会计信息的价值在于帮助所有者或者其他使用者做出经济决策，具有时效性。即使是可靠、相关的会计信息，如果不及时提供，也会失去时效性，对于使用者的效用就大大降低，甚至不再具有实际意义。

（四）财务会计要素

会计要素是根据交易或者事项的经济特征所确定的财务会计对象的基本分类。会计要素按照其性质分为资产、负债、所有者权益、收入、费用和利润，其中，资产、负债和所有者权益要素侧重于反映企业的财务状况，收入、费用和利润要素侧重于反映企业的经营成果。

1. 资产

资产是指由企业过去的交易或者事项形成的、由企业拥有或者控制的、预期会给企业带来经济利益的资源。资产按流动性（能否在一年或超过一年的一个营业周期内变现或耗用）可分为流动资产和非流动资产。流动资产包括库存现金、银行存款、交易性金融资产、应收票据、应收账款、预付账款、存货、其他应收款等；非流动资产包括持有至到期投资、长期股权投资、可供出售金融资产、投资性房地产、固定资产、无形资产、商誉等。

2. 负债

负债是指由企业过去的交易或者事项形成的、预期会导致经济利益流出企业的现时义务。负债按偿还期（是否超过一年或超过一年的一个营业周期）可分为流动负债和非流动负债。流动负债包括短期借款、交易性金融负债、应付票据、应付账款、应付职工薪酬、应交税费、应付股利、应付利息等；非流动负债包括长期借款、应付债券、长期应付款等。

3. 所有者权益

所有者权益是指企业资产扣除负债后，由所有者享有的剩余权益。公司的所有者权益又称为股东权益。所有者权益是所有者对企业资产的剩余索取权，它是企业资产中扣除债权人权益后应由所有者享有的部分，既可反映所有者投入资本的保值增值情况，又体现了保护债权人权益的理念。

所有者权益的来源包括所有者投入的资本、直接计入所有者权益的利得和损失（其他综合收益）、留存收益等，通常由股本（或实收资本）、资本公积（含股本溢价或资本溢价、其他资本公积）、其他综合收益、盈余公积和未分配利润构成。商业银行等金融企业在税后利润中提取的一般风险准备，也属于所有者权益。

4. 收入

收入是指在企业日常活动中形成的、会导致所有者权益增加的、与所有者投入资本无关的经济利益的总流入。按收入的性质，收入可以分为销售商品收入、提供劳务收入和让渡资产使用权收入。按企业经营业务的主次，收入可以分为主营业务收入和其他业务收入。

5. 费用

费用是指在企业日常活动中发生的、会导致所有者权益减少的、与向所有者分配利润无关的经济利益的总流出。费用主要包括营业成本、期间费用、资产减值损失等。

6. 利润

利润是指企业在一定会计期间的经营成果。通常情况下，如果企业实现了利润，表明企业的所有者权益将增加，业绩得到了提升；反之，如果企业发生了亏损，即利润为负数，表明企业的所有者权益将减少，业绩下滑了。因此，利润往往是评价企业管理层业绩的一项重要指标，也是投资者等财务报告使用者进行决策时的重要参考数据。

利润包括收入减去费用后的净额、直接计入当期利润的利得和损失等。其中收入减去费用后的净额反映的是企业日常活动的业绩，直接计入当期利润的利得和损失反映的是企业非日常活动的业绩。直接计入当期利润的利得和损失，是指应当计入当期损益、最终会引起所有者权益发生增减变动的、与所有者投入资本或者向所有者分配利润无关的利得或者损失。企业应当严格区分收入和利得、费用和损失之间的区别，以便更加全面地反映企业的经营业绩。

（五）会计要素计量属性

计量属性是指所予计量的某一要素的特性方面，如桌子的长度、铁矿的重量、楼房的面积等。从会计的角度说，计量属性反映的是会计要素金额的确定基础，主要包括历史成本、重置成本、可变现净值、现值和公允价值等。

1. 历史成本

历史成本又称为实际成本，是指在取得或制造某项财产物资时实际支付的现金或其他等价物。例如，设备价款 300 万元，运杂费 2 万元，安装调试费 13 万元，固定资产成本合计为 315 万元。在历史成本计量下，资产按照购置时支付的现金或者现金等价物的金额，或者按照购置资产时所付出的对价的公允价值计量；负债按照其因承担现时义务而实际收到的款项或者资产的金额，或者承担现时义务的合同金额，或者按照日常活动中为偿还负债预期需要支付的现金或者现金等价物的金额计量。

2. 重置成本

重置成本又称为现行成本，是指在当前市场条件下，重新取得同样一项资产所需支付的现金或现金等价物金额。在重置成本计量下，资产按照现在购买相同或者相似资产所需支付的现金或者现金等价物的金额计量；负债按照现在偿付该项债务所需支付的现金或者现金等价物的金额计量，常用于盘盈固定资产初始入账金额的确定。

3. 可变现净值

可变现净值，是指在正常的生产经营过程中，以预计售价减去进一步加工的成本和预计销售费用以及相关税费后的净值。其实质就是该资产在正常经营过程中可带来的预期净现金流入或流出（不考虑资金时间价值）。在可变现净值计量下，资产按照其正常对外销售所能收到的现金或者现金等价物的金额扣减该资产至完工时估计将要发生的成本和销售费用以及相关税金后的金额计量，常应用于存货的期末计量。

4. 现值

现值是指对未来现金流量以恰当的折现率进行折现后的价值，是考虑资金时间价值的一种计量属性。在现值计量下，资产按照预计从其持续使用和最终处置中所产生的未来净现金流入量的折现金额计量，负债按照预计期限内需要偿还的未来净现金流出量的折现金额计量。

5. 公允价值

公允价值是指市场参与者在计量日发生的有序交易中，出售一项资产所能收到或者转移一项负债所需支付的价格。交易性金融资产和可供出售金融资产等采用公允价值计量。

六、企业财务会计法规体系

会计是一项综合性的经济管理工作，为了保证会计工作的顺利进行及会计任务的全面完成，会计工作必须做到有法可依、有章可循。制定和执行会计法规可以使会计工作符合预定的目标，有利于在经济活动中具体贯彻财经方针和政策、执行财经纪律；有了完善的会计法规，能保障会计人员依法行使职权，充分发挥会计人员的作用；有了完善的会计法规，能保障会计工作有组织、有秩序地进行。

我国的企业财务会计法规体系由会计法、企业会计准则、小企业会计准则组成。

（一）会计法

会计法是我国会计核算的根本大法，是我国会计工作的母法。会计法就我国会计核算的主要方面做出了规定，涉及我国会计核算的所有领域，是包括企业会计核算法规在内的所有会计法规制定的基本依据。

会计法在 1985 年 1 月 21 日第六届全国人民代表大会常务委员会第九次会议上通过，同年 5 月 1 日正式施行。1999 年 10 月 31 日由第九届全国人民代表大会常务委员会第十二次会议审议通过了第二次修订草案，并于 2000 年 7 月 1 日正式实行。全文共有 7 章 52 条，分别为：总则，会计核算，公司、企业会计核算的特别规定，会计监督，会计机构和会计人员，法律责任，附则。

（二）企业会计准则

根据会计法的规定，我国的企业会计准则由财政部制定。2006 年 2 月 15 日，财政部在多年会计改革经验积累的基础上，顺应我国社会主义市场经济发展和经济全球化的需要，发布了企业会计准则体系。这套企业会计准则体系包括《企业会计准则——基本准则》（以下简称"基本准则"）和具体准则及有关应用指南，实现了与国际财务报告准则的趋同。企业会计准则体系自 2007 年 1 月 1 日起首先在上市公司范围内施行，之后逐步扩大到几乎所有的大中型企业。

我国现行的企业会计准则体系由基本准则、具体准则、应用指南和解释组成。

1. 基本准则

基本准则主要规范了财务报告目标、会计基本假设、会计基础、会计信息质量要求、会计要素分类及其确认计量原则和财务报告。基本准则在企业会计准则体系中发挥着十分重要的作用，主要包括：

一是统驭具体准则的制定。基本准则是制定具体准则的基础，对各项具体准则的制定起着统驭作用，可以确保各项具体准则的内在一致性。基本准则第三条明确规定：企业会计准则包括基本准则和具体准则，具体准则的制定应当遵循本准则（基本准则）。

在企业会计准则体系的建设中，各项具体准则也都明确规定按照基本准则的要求进行制定和完善。

二是为会计实务中出现的、具体准则尚未规范的新问题提供会计处理依据。在会计实务中，由于经济交易事项的不断发展、创新，一些新的交易或者事项在具体准则中尚未规范但又亟须处理，这时，企业不仅应当及时对这些新的交易或事项进行会计处理，而且在处理时应当严格遵循基本准则的要求，尤其是基本准则关于会计要素的定义及其确认与计量等方面的规定。

2. 具体准则

具体准则是在基本准则的指导下，对企业各项资产、负债、所有者权益、收入、费用、利润及相关事项的确认、计量和报告进行规范的会计准则。

3. 应用指南

应用指南是对具体准则相关条款的细化和有关重点难点问题提供的可操作性指南，以利于会计准则的贯彻落实和指导实务操作。

4. 解释

解释是对具体准则实施过程中出现的问题、具体准则条款规定不清楚或者尚未规定的问题做出的补充说明。

本节按照《企业会计准则》的要求对经济业务进行核算。近几年，财政部对《企业会计准则》部分具体准则进行了修改，并新颁布了公允价值等几项具体准则。随着营改增的全面进行、税法知识也在不断更新。

（三）小企业会计准则

2011年10月18日，财政部发布了《小企业会计准则》。《小企业会计准则》规范了小企业的资产、负债、所有者权益、收入、费用、利润及利润分配、外币业务、财务报表等会计处理及其报表列报等问题。《小企业会计准则》适用于在中华人民共和国境内依法设立的、符合《中小企业划型标准规定》中的小型企业标准的企业，但股票或债券在市场上公开交易的小企业、金融机构或其他具有金融性质的小企业、属于企业集团内的母公司和子公司的小企业除外，自2013年1月1日起在所有适用的小企业范围内施行。《小企业会计准则》的发布与实施，标志着我国涵盖所有企业的会计准则体系的建成。

第二节　财务会计的发展趋势

财务会计在企业的运行和发展中起着不可替代的作用，是企业管理环节中最为关键的一个部分。随着我国现代化进程的加快，财务会计的发展也要跟上时代的步伐。本节主要分为三个部分对现代财务会计发展的趋势进行了探讨，第一部分阐述了财务会计的发展现状，主要包括财务会计供给的个性化、质量的不断提升、信息的多元化、工作效率不断提升以及人在财务会计发展中的作用越来越大等。第二部分主要对当今社会财务会计发展存在的问题进行了探讨，财务会计发展中的问题具体有财务会计主体虚拟化、风险被放大、监管系统不够健全、人员专业素质水平不高等。最后一个部分则对现代财务会计的发展提出了几点建议和对策，具体内容有强化对会计虚拟化的监管、强化财务会计网络安全建设、完善财务会计管理体系、提高财务会计工作人员专业水平等。

进入 21 世纪，随着我国经济的快速发展和进步，互联网在我们生活的各个领域中都有应用，财务会计也不例外。在财务会计行业中，计算机技术和网络技术的应用，促进了财务会计行业的信息化发展。在企业的发展中财务会计业务发挥着重要的作用，而企业相关管理人员对财务会计也越来越重视，也使得财务会计的发展稳步向前。

一、财务会计的发展现状

财务会计供给的个性化。在我国传统的财务会计模式下，企业的领导者、管理层以及其他利益相关者为财务会计的主要控制人，财务会计主要以报表的形式展现相对应的会计服务和需求。但随着互联网以及信息技术的不断发展，财务会计也发生了很大的变化，变得越来越个性化，财务会计可以根据使用者的不同需求进而提供不同的财务信息服务。使用者也可以把财务会计中的数据单独的分离出来，根据自身的需求进行加工处理。

财务会计信息的质量不断提升。在互联网技术未应用之前，有关财务会计的相关信息主要是由人来完成的，通过工作者判断以及传统的手工汇集。这样，很容易出现蓄意操纵任务和人为错误等问题，很容易导致严重的会计失真。随着社会的发展进步和互联网技术的出现和应用，会计信息的可靠性得以有效提高。例如，它在税务和会计中的应用，可以最大限度地减少人为欺诈和人为因素导致的信息错误的发生。

财务会计信息呈现多元化。传统的财务信息和数据采集，显示主要是由会计人员收到的会计账簿的主动查询和固定点发布的财务报表方法优先。而将人工智能技术应用于会计行业，智能软件就以自动生成会计相关证据等，通过智能会计软件，信息需求者也可以根据自己的需要随时随地获取财务信息，可以得到实时的财务信息。此外，人工智能可以促进财务数据自动推荐，改变独立分析的原因等功能，因此，它可以为财务决策者提供有效的财务信息基础。

财务会计工作效率不断提高。在以前的会计中，会计人员往往需要花费大量的时间和精力来完成这种简单而重复的人工收费工作，这不仅会增加员工的工作量，还难以推动财务工作的进展，难以提升整体效率，然而智能会计软件自动生成技术的应用，能在很大程度上提高会计处理的速度和效率。而且人工智能的数据处理能力非常强，它不仅可以对财务数据进行深入挖掘和处理，还可以创建数据库，实现数据跟踪和分析。此外，还可以建立多种类型的数据模型，并在多种约束下对会计信息进行综合分析，从而改变获取原始信息和大量分析难度高的问题，促进财务信息更加理想化和智能化。

二、当前财务会计发展存在的问题

网络环境发展在一定程度上为财务管理提供了更加便捷的处理方式，使得网络市场交易逐渐普及，无纸化交易越来越多，无纸化的交易模式不仅极大地提高了业务发展的便利性，同时也极大地提高了交易处理业务的整体效率，但是其也导致了信息和数据篡改欺诈的风险。

财务会计主体虚拟化。在电子商务快速发展的背景下，财务会计发展所面临的首要问题是会计信息审核的真实性会受到会计主体的虚拟性质的影响。由于网络电子技术和电子商务的迅猛发展，金融会计的虚拟化趋势越来越明显。电子商务的在线交易通过一个虚拟网络实现。这种交易是网络会计虚拟模式，这是一个模糊的状态。通过虚拟化的网络模型、企业经济实现新业务的控制。虚拟电子商务网络会计实体由信息用户管理。随着市场的变化，信息平台会发生变化，各种会计数据信息也会随之变化。但是，在线电子商务的会计决策没有明确的物理经济单元，这导致决策行动者的空缺。财务会计工作的艺术价值更明显，而且很容易根据信息处理过程中出现的问题来判断责任人。信息审查工作的难度，不利于保持会计信息审查的真实性，不利于我国各类会计工作的顺利发展。

财务会计风险被放大。在互联网商业快速发展的背景下，会计实体逐渐转变为虚拟化，从传统的纸质合同开始到建立虚拟的网络交易模式。目前我国大多数企业已经开始实施无纸化电子贸易合作，关于合同的签订、交易条款的谈判、交易信息的处理等都是通过网络的沟通和协商来完成的，网络化和无纸化交易过程是网络化和无纸化贸易金融后处理的直接结果。作为一个虚拟的金融交易处理程序，导致对电子数据处理安全的财务会计产生质疑，对各种电子合同、电子交易信息、财务数据，以及其他电子存档，以确保安全成为一个重要的问题。大多数商业交易会计数据只能存储在硬盘或可移动硬盘中，存储的安全性仍有待提高。互联网电子科技也表现出交易的便捷性和两面性，在提供交易便利的同时也增加了信息数据的丢失和泄露风险，如何加快电子会计财务信息数据处理和存储安全性成为当下会计发展的重要问题。

财务会计监管系统不够健全。近年来，我国在财务监管方面还不够完善，针对企业的财务监督制度也还不够完善，据了解，尽管我国企业的财务状况都得到了较大的发展和进步，但是在财务监管方面还是存在很大的漏洞，在很大程度上，影响了企业财务管理的健康发展。此外，对企业的整体发展，对业务管理和经济会带来潜在的危机。因此，相关行政部门要完善财务管理监控体系，应充分重视财务管理监控体系的发展，使之符合现代金融发展的趋势，符合现代社会发展的趋势，有效避免财务管理中出现的问题。

财务会计人员专业素质水平不高。除上述问题外，财务人员的专业素质较低也是影响我国金融核算进展的一个因素。根据相关的社会调查，目前很多企业的财务人员招聘制度并不严谨，而随着社会经济的快速发展，财务会计人员队伍，无论是知识结构还是专业知识储备都无法与当代企业财务发展的需求保持一致，缺乏专业工作能力阻碍了企业财务工作的正常有效开展。还有企业的财务因素也会对企业人员形成限制，导致联合互联网融合的财务管理不太好，即使招聘到熟悉计算机技术的人员，但是他们大多数缺乏财务管理经验。网络时代的金融管理部门想要忽略复杂的财务管理人员缺乏的影响是一种特定的关系。当然，这也需要有一定的管理监督和评价体系，以确保工作人员的工作效率。

三、现代财务会计发展趋势与对策

强化对会计虚拟化的监管。由于现代网络技术的发展和应用，使得财务会计有了一点虚拟性，会计信息使用者的多样化对会计信息的效率、质量和成本控制都提出了更高的要求。随着我国互联网以及信息技术的发展，财务会计虚拟化的监管在企业未来的发展中发挥着越来越重要的作用。互联网时代背景下的会计职能、监管建设，只符合网络发展趋势，提高信息化，加强会计信息化建设，满足不同监管机构和会计信息用户的需求。促进企业内部控制，提升管理能力等，对企业在市场乃至全世界都有竞争优势。

强化财务会计网络风险管理。确保互联网安全建设的有效性，对于电子商务环境下财务会计的转型与发展至关重要。为了确保中国电子商务的快速高效发展，网络技术已经成为一个重要的保证因素。网络财务会计的发展需要改进企业会计信息软件的应用，只有具有完整功能和稳定性的互联网金融软件，才可以有效地提高财务数据信息网络化处理的有效性。在互联网时代发展的背景下，我国网络会计的整体财务会计水平也在不断提高。在电子商务的背景下，为了满足财务会计的转型和发展的需求，我们应该建立一个符合企业发展需求的数据库并拥有更多的全面数据信息。通过创建大型数据库，各种财务数据信息的处理可以更加方便和快速。财务会计与管理会计的转变，在最初的工作阶段，必须提高和删除工作内容，在相关的项目和工作系统中，人员的位置将会有更多的风险，这是必要的，必须制订一个完美的转型计划来确保转变的顺利过渡并减少传统设置的缺陷，这样以后的工作就可以按照正确的路线进行。

完善财务会计管理体系。随着我国当代财务会计工作分工明确化，企业本身的财务监控管理系统的完善是当今中国企业发展的必然趋势。为了确保企业财务管理的科学性、严谨、有实施性，对企业的管理制度的改进是不可或缺的，这可以有效地避免企业的财务损失以及财务工作带来的财产损失。加强电子商务财务管理网络的建设首先要扩大信息流的范围。增加财务信息和数据的流通和共享，将支持企业更新数据信息。应针对主要网络平台的特性建立目标网络系统，并应逐步实现网络会计和实体财务会计的整合。一方面提高企业的防范机制，提高企业预防机制，是提高企业内部控制制度的重要组成部分。建立企业预防机制可以提高企业对资金运行的控制能力。了解资金的风险，最终可以提高企业资金使用的效率。另一方面，有必要完善会计反馈控制制度，主要涉及企业内部经济活动的监测。及时有效地监控，确保及时发现问题，及时纠正预算偏差，能有效控制投资的成本。及时发现企业财务会计工作的问题，及时调整工作内容，定期考核财务会计决算，实施奖惩制度，有效地提高财务会计最终工作的质量。

提高财务会计工作人员专业水平。重视财务相关工作人员的专业技能培养，提高财务工作者的整体工作水平，加强财务工作者在财务专业方面的学习和创新思维能力。首先，企业从自身出发，加强信息技术培训，对有丰富金融经验的人员加大信息技术的培训强度。同时，公司可以开展移动训练机制，向外输送财务管理人员培训模式，这样做的好处是让财务管理人员更全面、更快、更好地了解财务政策，加强相关基础知识和计算机技术，利用相关财务模型处理财务问题，使财务工作更加方便。其次，企业需要制定财务管理人员引入机制，制定系列福利政策以确保企业引入复合型金融管理人才。通过引进财务管理人才，可以更好地促进企业的健康发展，提高企业的整体竞争力。需要注意的是，要对引进的复合财务管理人员进行财务管理培训，学习他们先进经验，以便能更好地融入工作中。企业要做到这两种措施，使相关计划战略更具针对性和可操作性，为公司的长期发展提供强大支持。

物联网技术、人工智能等高科技的出现和应用发展对企业财务会计产生了一定的影响。本节对现代财务会计发展趋势进行了研究，并根据当前财务会计发展存在的缺陷的分析，对金融会计的当前状况进行了讨论，利用现代会计财务发展知识的实际使用情况，提出了建议，主要为加强对会计虚拟化的监督，提高财务会计网络建设的安全性，完善财务会计管理制度，完善财务会计人员的专业标准。

第三节　财务会计的目标定位

目前，国有企业财务会计目标模糊，相关制度不完善。因此，要解决财务会计目标中存在的问题，必须完善企业财务会计管理结构、减少企业管理熵值等。为了促进财务会计目标的全面发展，可以采用合理的方法有效地提高工作效率、降低工作成本。

随着国家社会主义市场经济不断发展，企业改革不断深入，国有企业作为国家经济发展的核心关键，必须进行全面的改革。财务会计是提高企业合作能力的关键，也是保证企业全面发展的基础，因此，国有企业必须全面提高企业财务管理能力和会计核算工作，以此有效解决国有企业在发展过程中存在的财务经济问题，推动国有企业实现全面可持续发展，提高企业社会经济效益，带动国家经济发展。

一、新经济时代下国有企业财务管理工作现状

改革开放后，国家经济飞速发展，企业数量不断增加，国有企业在不断地改革发展工作中也取得了较大成绩。但是，随着科学技术的发展，知识经济时代的到来，大量的外来经济进入本土市场，对本土市场造成了一定的冲击。不仅如此，国内企业之间的竞争也日趋激烈，国有企业想要在这样的经济市场中站稳脚跟，就要进行更深层次的改革。国有企业传统的财务管理方式已经不能满足新时期市场的需求，新经济时代下国有企业财务管理工作的发展也发生了一定的变化，想要对国有企业实现财务会计目标时存在的问题进行分析，首先要明确在当前社会市场背景下，国有企业财务管理工作状况。互联网经济的全面发展，云计算、大数据、移动互联网等技术实现了全面的突破和发展，对财务会计管理目标形成了一定的影响。在大数据时代下，企业的相关财务信息更加透明，国有企业想要得到全面的发展，就必须适应这一变化，企业财务会计管理工作呈现出了多元化的发展趋势，因此企业财务会计管理目标也必须进行跟进，新时期，形成符合时代社会发展的综合目标，并且将知识资本最大化，以此保证经济效益最大化，实现企业利润目标的全面发展。

二、会计目标定位的观点

决策有用观。随着我国市场经济的逐步发展，企业的发展就具有了更多的投资者与债权者，基于这一现状，委托代理关系也会发生相应的变化，主要由单一逐步转向复杂的方向发展，这就意味着企业财务较为分散的投资者和债权者提供及时准确的企业经营状况信息资料，主要是为了债权者和投资者做出正确的投资选择。因此，从资本市场的发展层面而言，会计目标就是对较为分散的投资者和债权者提供及时的财务发展信息，总之就是决策有用观。制定决策时要考虑到未来的发展道路的选择，要综合分析未来的投资者与债权者将来的发展情况。只有这样的决策才能具有实际的操作性与实用性。

受托责任观。随着公司发展模式的不断变革，企业的发展经营权无法与市价的所有权相结合，这就出现了广泛的委托代理的关系。企业发展的经营权和所有权无法进行有效的结合，这就说明委托代理的实际的出现使得企业的委托方主要关注企业发展的自身的资本的扩大，受托方主要负责管理和实际的资源的利用情况，并将这些情况向委托方报告。委托方依据受托方企业的运营情况，做出整体的评价，然后再进行相应的委托人的实际的工

作的效果并且决定是否一直聘用。委托代理关系发展的大局势之下，会计主要为了达到委托方对于企业发展的实际的进行整体的评估，核心就是企业经营的业绩的计算和实际的效果，这就是会计目标的受托责任观。

受托责任观与决策有用观之间的联系。受托责任观和决策有用观的形成都是因为我国企业的经营权与所有权分离，然而受托责任观主要是因为企业的经营权与所有权实行分离，所有权具有实际的处分的权利。在完善的经济发展之下，决策有用观的财务目标成立，主要是通过资本市场与经营者建立了广泛的实际的关系而应运而生，经营者实际的权力得到了扩大，负责企业的生产经营状况，具备相应的企业资产的处置能力，所以投资者就必须通过相应的企业运营的实际资料来进行相应的决策。受托责任观主要是因为企业发展的经营权与所有权实行分离，委托代理关系就显得很明显。所以，决策有用观是在受托责任观的影响下形成的，主要反映了市场经济主要的发展方向，同时也是经济环境变化的主要表现形式。

三、当前我国财务会计目标的具体构建

企业会计目标的具体定位。基于此原则，财务会计目标首先需要为企业管理层提供企业发展过程中能够很好反映企业发展的经济信息。第一，需要提供与投资和信贷相关的准确信息，体现出潜在投资人、债权人以及其他有关投资、信贷的关键信息。第二，提供现金流量数据与未来存量的信息，此类信息可以帮助当前和潜在的投资者、债权人评估企业的股利或股息、销售、到期债券或借款清偿等不确定信息。第三，需要提供企业经济资产、财务状况、经营成果与资源分配、使用的具体情况。在此基础上，财务报告还需要将当年的经济计划完成情况、整体资产处于增值或保值阶段等向受托者进行展示。财务报告作为企业经济数据的完整呈现方式，是企业在证券市场上的重要考评条件。相关投资者对企业报表数据的判断可以直接影响后续企业获得融资的机会。

现代企业制度下的财务会计目标。现代企业制度已成为国内企业在经济发展过程中的必然选择。财务会计的工作目标需要积极地融入现代企业制度中去。作为现代企业制度的关键，法人制是判断企业模式的重要标准。企业法人制度是现代企业制度的主体。在企业法人制度下，投资者与企业的关系被简化为纯粹的委托者与被委托者间的关系。当前在我国企业中，上市公司占比较小且上市后企业也不能实现资本的完全流通。因此我国会计的工作目标需要定位在向委托人也就是投资者履行自身受托责任，为委托人提供所需的相关信息。

综上所述，会计目标并非独立存在于会计行业中，会计目标的制定、实施与会计环境、会计理论、会计职能等有着密切联系。因此，对会计目标定位的思考不应仅局限于某个方面，而应进行多维度、深层次的思考。

第四节　财务会计、权利与财务会计目标

　　会计主体利益和有关外部利益者利益二者属于对立统一的，也是促进财务会计产生与发展的基本动因。所以，会计信息其质和量都应该是会计主体和生产运用要素每个全能主体在合作对决的过程中一起界定的，财务会计最终的目标就是在保证二者在这种合作对决中均获得利益，而受委托责任和策略有用学派仅仅重视一方的利益。本节主要对财务会计、权利与财务会计目标相关问题进行进一步的论述。

　　自美国 FASB 这一财务理念构造发布之后，财务会计理念构造研究就成为财务会计理论的重点内容，建立这个构造核心有两个思路：一是将财务会计目标当作起点，二是将会计假设当作起点。这就说明，想要建立对于会计标准制定以及实物理解发挥指导作用的财务会计理念构造，一定先要把财务目标的问题解决好。因此，下面将进一步分析财务会计和权利以及会计目标。

一、会计信息质和量是以会计主体、生产运营条件和外部环境权利主体一起界定的

　　不一样的权利主体通过相应权利参加会计质和量的界定。针对财务会计服务对象来讲，不仅是对内会计，同时也是对外会计，给会计主体相关的利益者提供必要的会计信息，当前，会计信息外部运用人员包含我国政府部门和债权人以及可能成为债权人的人，还有投资者和可能成为投资者的人、人力资源权利主体其聘用人员还有四周环境权利主体等等。

　　通过多次博弈界定会计信息质和量。基于现代社会经济，对于构成会计主体生产运营能力十分有利，获得利益能力生产运营以及外部环境全部权能完全分离，任何一种权能主体都按照有关权利参加会计主体利益的配置，针对理性经济人设想，所有权能主体都能够实现自身利益最大化，将自己的损失降到最低。基于这种利益配置合作对决的过程，所有权能主体想要得到更多的利益，有两个渠道实现：第一个是会计主体获取利益最多，第二个是让自己方获取最多的利益。

　　所以，在对会计质和量进行界定的过程中，一定要思考外部利益人员的利益，吸收所有外部利益企业的建议，确保外部利益企业总体利益，让其有科学的获利。并且，这对于会计主体本身也十分有利。因此，在对会计信息质和量进行界定的时候，一定要对资本市场良好循环有一定的好处，给企业生产经营制造一个良好的外部环境，始终坚持优胜劣汰这一原则，这样能够完善总体社会资源组合。会计标准制定人员要对双方的意见进行充分的思考，让双方的利益得到最好的组合，进而实现共赢。

二、财务会计目标界定

确保资本市场正常顺利发展。会计主体利益与有关外部利益者的利益是对立统一的，进而促进会计信息揭示不断改进，调节所有主体之间的利益，推动社会资源科学地分配。在资本市场不断加快发展的这个时代，社会资源科学分配主要体现在资本所有权的科学组合。所以，目前财务会计的根本目标就是要保证资本市场健全，进而才会加大会计主体由资本市场得到最大资本的概率，进一步扩大生产的规模，对资本结构进行改善。针对资本市场债权主体来讲，其在短暂摒弃资本应用权利的时候，会计主体一定要让债权主体相信其能够按照规定收回成本与利息的权利能成为现实。因此，会计主体一定要提供和其有关的一系列会计信息。针对会计主体所有权来讲，在所有权与经营权分离这种企业制度条件下，所有权主体在永远摒弃资本使用权的过程中，要求会计主体让所有权主体相信其资本可以增值，因此，财务会计一定要提供与行业资本增值有关的一系列会计信息，从而给投资人员进行正确的决策提供一定的便利。若财务会计信息无法完成上面的要求，那么资本市场将很难正常稳定地发展下去。

协调会计主体和环境。会计主体始终在四周环境当中生存，会计主体想要发展必须调节好与环境的关系，所以，财务会计还应该提供和环境有关的一系列会计信息，同时这也是社会责任会计受到重视的动因之一。

会计信息价值影响财务目标确定。会计信息对于使用人员的价值多少主要和专业知识掌握情况和判断能力有着直接的关系，相同的会计信息对于不一样层次的使用人员有着不同的价值。财务会计目标在思考会计信息好处的过程中，应该由各种类型的权利主体总体情况当作准则，会计信息价值还有一个思路就是会计信息加工和处理以及揭示花费和制度实施花费的和与会计信息效果进行比较，按照科斯交易费的观点，所有会计信息作用除去社会交易花费应该确保最大利益。

我国和国外一些学者针对股权结构和企业多元营销关系相关问题的探索主要有两个观点，呈对立的状态，一种观点认为二者之间有着明显的相关性，而另一种观点认为二者之间没有相关性。而笔者认为股权结构和企业多元营销二者之间是存在着一定的关系的，但是这种关系最多只是一种相关关系，不可以说成严格的因果关系。也就是不可以当作是股权结构汇集，这一定会造成企业多元化营销程度不高。研究人员对于二者之间关系的研究适用计量经济模型对其实施回归分析，这种实证分析的方式对这方面问题理解存在一定的局限。第一，研究人员基于不一样的研究角度选择研究的对象，对象企业处于的外部环境，如政治和文化以及市场这些都存在巨大的差别，所得到的结果无法表示全部的情况。第二，假设股权结构和企业多元营销二者存在着明显的相关关系，股权结构变化属于企业多元营销改变的原因之一，但是它不是唯一的一个原因，是和别的因素相互协作一起发挥作用，引起企业多元营销发生改变的。

在这里我们认为，在外部环境和别的条件都一样的条件下，若一家企业治理结构有着良好的效果，那么这家企业多元运营水平会相对较低。站在企业治理产生的历史以及逻辑角度去看，其股权构造和公司多元运营二者有着十分密切的关系，必须在股权构造具有合理性的前提下，才有可能构成健全的企业治理构造，从而才可以确保企业降低减少股东价值多元化运营。

通过本节对财务会计和权利与财务会计目标相关问题的进一步阐述，我们了解到会计主体利益和有关外部利益者利益二者是对立统一的，也是促进财务会计产生与发展的基本动因。所以，会计信息其质和量都应该是会计主体和生产运用要素每个主体在合作对决的过程中一起界定的，财务会计最终的目标就是在保证二者在这种合作对决中均获得利益。因此，希望本节的阐述，给财务会计和权利以及财务会计目标等方面提供一定的帮助，进而实现双赢。

第五节　财务会计的作用

在社会经济高速发展背景下，企业也面临着日益激烈的市场竞争，为了更好地适应市场环境变化，对各项经济管理工作的开展也需要给予充分重视。财务会计是经济管理中不可或缺的一部分，不仅是管理的终端工作，也能够帮助企业决策者在做出决定之前，对企业当前发展情况做出全面分析，确保各项决策的科学性、正确性。

财务管理工作是企业整个经营管理内容的核心所在，财会人员在工作中，不仅要对企业财务数据做出优化处理，还要为企业提供更准确的运营信息，进而在企业经济管理中发挥有效作用。财会人员是企业中的综合性、应用性管理人才，其地位是举足轻重的。因此，在规划、落实各项经济管理工作时，各企业应充分挖掘、利用财会人员的积极作用，以此不断提升经济管理水平。

一、财务会计的职能分析

首先，反映职能。作为财务会计最基本、原始的职能，反映职能是随着会计职业的产生而形成的，财务会计通常都会通过确认、记录等环节，将会计主体当前发生、完成的经济活动从数量上反映出来，并为企业管理者提供更精准、完整的经济与财务信息。

其次，经管职能。当前，我国很多企业开展的财会工作都停留在算账、保障等层面，难以适应现代企业制度所需的各项要求，因此，要想将财会经营管理职能充分发挥出来，就必须在传统基础上，积极拓展新的领域，构建更完善的财会工作模式，也以此来提升经济建设水平，推动企业的健康、稳定发展。

二、财务会计在经济管理中发挥的作用

提供科学完善的预测信息。在市场经济高速发展背景下，企业要想全面迎合其发展需求，就必须对市场供需情况变化做出深入调查与研究，并在此基础上，制定科学完善的生产规划、营销方案，不断提升企业产品的市场竞争力。对此，企业需对环境、产品质量，以及市场供需要求和企业宣传等诸多因素做出综合考虑与分析调整，对企业营销信息做出科学预判，也只有这样才能在产品投产之前，结合产品成本构成制定出最佳的营销、生产方案，真正做到企业经济管理与效益的有机整合，在明确产品价值定位的同时，真正实现最大化的经济效益。

积极发挥会计监督职能。这一职能的发挥主要是指在开展各项企业经济活动中，相应财务会计计划、制度做出科学监督与检查，作为一种科学的监督手段，其能够在尽可能减少经济管理漏洞的同时，促进企业经济、社会效益的逐步提升。财务会计可以通过不同渠道来达到这一目标，如可以通过对企业现金流、各项财务工作进行分析与检查，以对企业经济做出科学评估等方式，来对企业各项生产经济管理活动、成果做出会计监督。比如，可以通过成本指标来对单位产品的劳动力消耗情况做出全面掌握，或者结合利润指标来对经济活动成果做出科学评估。

不断提升财会信息质量。会计信息质量的高低对财务会计作用是否能够得到充分发挥有着决定性影响，而会计信息的准确、完整性，也直接影响着企业生产经营的健康发展。就目前来看，原始凭证、企业管理部门及其工作机制，以及相应的会计信息体系的完善程度等诸多方面都会对会计信息质量产生重要影响，对其影响因素的控制主要可以从以下两方面入手：一方面，要不断加大对发票等一系列原始数据的管理力度，营造良好管理秩序。同时，还应充分重视《会计法》等财会法律法规的认真落实，并结合实际情况，制定出科学有效的执行方法，以此来确保财会人员的合法权益能够得到有力维护，为其各项工作的高效有序开展提供有力支持。另一方面，应不断加大会计信息系统的建设力度，优化相应工作机制。同时，企业还应积极挖掘、整合社会各界的监督力量来科学管控会计信息质量，以此来促进其信息质量的不断提升。

不断加强财会人才培养。人才一直都是企业经营管理发展最根本的动力，而在经济管理中，要想将财务会计的积极作用充分发挥出来，就必须注重高素质、综合型人才的培养与引进，以此来为企业的创新发展提供有力的人才支持。

在知识信息时代高速发展的背景下，各行业人才的综合素质也在不断提升，尤其是财会人才在企业发展中有着举足轻重的地位，相对于物质资源来讲，人力资源具有的社会价值更高。因此，在经济管理中，对于财务人才综合素养的提升，以及人力配置的进一步优化应给予足够重视，并结合社会发展需求，引进高品质的专业人才，以此来不断提升企业综合竞争实力。

综上所述，不论对于哪一行业来讲，财务会计占据的地位都是至关重要的，在为企业管理层提供相关经济信息、对各项决策工作的开展有着不可忽视的影响。财务会计对经济管理活动的规划，以及经济效益的提升都发挥着积极的促进作用。因此，各企业需要充分重视对财会人才的培养与引进，充分挖掘与利用相关资源，以确保财务会计的重要价值能够在经济管理中得到充分发挥。

第六节　财务会计的信任功能

财务会计能够在代理人与委托人之间建立信任机制，通过财务会计信息能够增进双方的信任；作为一个完善的信任机制，通常会将财务会计与其他的信任机制联系起来，本节将通过建立初步的分析框架，进一步分析各种理论制度对财务会计的影响，并梳理财务会计中的一些争论。

在委托与代理信息不对称的情况下，财务会计信息能够在一定程度上解决信息不对称的问题，财务会计信息也因此在资本市场发挥重要的作用。财务会计信息中关于投资项目的准确详尽信息有助于投资者做出正确的判断，相应地做出正确的投资决策，这一作用通常被称为财务会计信息的投资有用性或者是定价功能。另外，在代理人与委托人建立委托代理关系后，委托人可以要求代理人提供相关的财务会计信息，有助于委托人进行财产安全评估，并以此来约束代理人，财务会计信息的这一功能被称作契约有用性或是治理功能。因此，不难看出财务会计信息功能不仅能在一定程度上解决信息不对称的问题，还能够实现定价与治理的功能，这已经在大量研究中被证实过了。

然而财务会计为何会有信任功能仍然不够清晰明了，只是结论性地认为财务会计具备信任功能。在探讨财务会计的信任功能时，可以从多方面的问题入手，如财务会计为何具备信任功能、外部因素对财务会计的影响以及制度对财务会计的影响等等。

一、财务会计信任功能的概念及理论基础

财务会计的信任功能，重点在于财务会计和信任两个核心。财务会计属于企业会计的一个分支，通常是指通过对企业已经完成的资金运动进行全面系统的核算与监督，为外部与企业有经济利害关系的投资人、债权人以及政府有关部门提供相关的企业财务状况与盈利能力等经济信息的经济管理活动；显然财务会计不仅仅是指产出结果，还包括产出过程，对交易事项进行特定处理后经过外部审计才能成为公开信息，这一最终信息被称为财务会计信息。在现代企业中，财务会计还是一项重要的基础性工作，为企业的决策提供重要的相关信息，有效地提高了企业的经济效益，促进市场经济的健康有序发展。

信任是一个抽象且复杂的概念，涉及范围广泛，通常被用作动词，信任总是设计信任主体以及被信任的客体，由主体决定是否信任客体，然而在实际过程中，主体决定是否信任客体的条件无法控制，只能单方面期待客体有能力且遵守约定为主体服务。因此本节中的信任只包括主体、客体、能力以及意愿，具体情况就是主体信任客体有能力且有意愿为主体服务的过程，便是信任功能，不是单指一个心理状态。

信息不对称问题是委托代理关系中必然会出现的问题，信息不对称作为一个普遍存在的问题，通常会导致逆向选择问题以及道德风险问题，其中多为代理人的不诚信或是委托人不信任代理人，因此，财务会计信息的有效性能够在一定程度上解决信息不对称的问题，也能够看出信任才是代理委托关系以及信息不对称这两者的实质性问题。而在代理委托关系下，委托人对代理人不信任是很正常的，委托人作为主体，承担着委托代理关系中的绝大部分风险，故而委托人有理由不去信任代理人，因为委托人无法确认代理人是否有能力且有意愿为自己服务。由于代理人的不诚实以及委托人的不信任才会造成信息的不对称，最终导致事前的逆向选择以及事后的道德风险问题，这时财务会计信息就能发挥其定价以及治理的功能了。所以，从本质上来说，财务会计解决的根本问题是委托者对代理人不信任的问题。

财务会计信息作为财务信息处理的流程性记录，在一定程度上具有某些预测价值，能够减轻代理人行为上的不可预测性，加深了委托人对代理人的信任程度。同时，财务会计信息还能作为评估代理人能力的参考信息，让委托人对代理人的能力有所了解，以此增加委托人对代理人的信任程度，而且财务会计信息注重于分析代理人的能力与委托人利益变化的关系，证明了代理人的实际能力。

在委托人与代理人的信任关系中，完全寄希望于代理人自发的意愿为委托人服务也是不切实际的想法，也无法形成强制性的措施，对此可以通过制定对财务会计信息要求的规定使委托人能有一种主动制约代理人的能力，使委托人对代理人的控制建立在明确的基础之上，在提高委托控制能力的同时，还增进了委托人对代理人的信任。契约签订也是约束代理人为委托人的利益服务的重要手段，行之有效的契约使得代理人不得不在实际行动上有利于委托人。

二、财务会计信息中信任制度理论的应用

制度的作用通常是威慑和约束代理人的不良行为，可以针对代理人损害委托人利益的行为做出适当的惩罚，这种惩罚性致使代理人不得不向委托人提供真实的财务会计信息，同时还约束代理人的行为，促使代理人不敢侵害委托人的利益，因此，制度的制定也能够提升委托者对代理人的信任。

上文中还提到了财务会计信息的定价功能与治理功能。在实际应用中，财务会计信息的定价功能体现在委托者能够通过财务会计信息，大致了解代理人的能力，评估代理人能

力的强弱，从而针对代理人能力给出一定程度的信任度；而财务会计信息的治理功能便是通过契约条款来约束代理人，致使代理人在实际行动中做出有益于委托者的行为，在财务会计信息的治理功能中，会计信息是作为必要条款而存在的。

综上我们大致能够得出这样的结论：针对会计信息的制度可以提高会计信息的定价功能，而针对代理人的制度可能会降低会计信息的治理功能。当然，尽管我们可以在理论上做出上述分析，但是也必须看到，现实当中不同针对性的制度是同时出现的，难以将它们的影响区分开来，这也正是经验研究得出不一致结论的原因。

本节从委托人和代理人的社会关系出发，对委托代理的信任关系及信息不对称问题进行了分析，从信任的角度出发研究了财务会计的模糊问题。财务会计应构建更加完善的信任机制，利用财务会计的信任功能理论提高财务会计理论的解释力和预测力，丰富和推进现有财务会计理论发展。

第七节　财务会计与税务会计的差异和协调

随着会计准则和税务制度的不断深化与完善，财务会计与税务会计的差异日益明显，鉴于两者在经济管理中的重要地位，处理好两者的关系是处理企业、国家、社会之间利益的重中之重，协调和完善财务会计与税务会计的关系刻不容缓。笔者针对财务会计与税务会计两者的差异及其产生原因进行研究分析，并在此基础上，提出协调财务会计与税务会计差异的对策，为在实际工作中的企业和公司提供借鉴和帮助，让其更科学、更稳健地运行实务工作。

财务会计与税务会计既相互关联又有一定的差异，这并不仅仅发生在我国，还普遍存在于各个国家。财务会计是指对企业的资金和财务状况进行全面监督与系统核算，以提供企业的盈利能力与财务水平等经济信息为目标而进行的经济管理活动。财务会计依照相关的会计制度和程序，为有涉及利益关系的债权人、投资人提供相关的资金信息；财务会计不仅在企业运作中起着基础性的作用，而且对企业的管理和发展有重要的促进作用。所谓的税务会计是指，根据会计学有关内容和理论，对纳税人应纳税款的形成、申报、缴纳进行综合反映和监管，确保纳税活动的全面落实，让纳税人员自觉根据税法规定，进行税务缴纳的一项专业会计学科。税务会计是进行税务筹划、税金核算和纳税申报的一种会计系统。通常人们认为税务会计是财务会计和管理会计的自然延伸，而自然延伸的基本条件是税收法规逐渐趋于复杂化。目前，受到各种因素的影响，大部分企业的税务会计不能在财务会计和管理会计中分离出来，导致税务会计无法形成相对独立的会计系统。但财务会计和税务会计都是我国会计体系的重要组成部分，两者既有关联又有差别，具有一定的差异性和相似性，两者都是在符合国家法律和规章制度的基础上对经济利益进行保护，并且为企业的客观财务信息提供支持，保证企业管理人员可以得到正确真实的财务信息。重视财务会计与税务会计之间的差异，并加强两者的差异协调，能够促使企业提高管理水平，进而实现整体经济效益的迅速发展。

一、财务会计与税务会计差异产生的原因分析

在新《企业所得税法》和《企业会计制度》的实施下，财务会计与税务会计在会计目标和核算范围等方面都出现了新的差异，在我国经济快速发展以及会计制度等一系列改革的促动下，财务会计与税务会计的差异越来越大。一方面，财务会计的核算流程、方式、内容都是依照财务会计的准则进行的，财务会计制度的重点是努力实现企业财务和经济的标准化，提供经济利益保障。而税务会计的核算流程、方式、内容是依照税务会计的规定进行的，税务会计的重点是遵照国家税法的标准对纳税人进行征税，两者在本质上存在差异。当今，财会体系在形成中不断发展，特别是国家开展的关于财务领域的相关变革活动，使得财务会计领域的相关体系与准则和税法之间开始出现隔阂和距离。另一方面，许多单位的所有制也表现出多种样式，经济体制的逐渐改变也是导致二者产生差异的重要原因，它带动了所得税的变化，使得税务会计与财务会计的差异日益明显。

二、财务会计与税务会计的差异分析

由于传统的经济管理体制不能适应社会的发展，随着税务职能的深入和渗透，财务会计与税务会计之间的差异日益凸显，两者在会计目标、核算对象、核算依据、会计等式和会计要素等方面都出现了明显的差异，下面对财务会计和税务会计两者的差异进行分析比较，从而为两者之间的协调提供更大的发展空间。

（一）会计目标的差异分析

会计目标是会计的重要组成部分，是会计理论体系的基础，其在特定情况下，会因受到客观存在的经济、社会现状以及政治方面的影响而变化，对财务会计和税务会计所表现的会计目标差异进行分析具有重要的意义。

1. 基于财务会计的会计目标

财务会计要求从业人员依法编制完整、合法、真实的对外报告和会计报表来反映企业财务状况与经营成果，为管理部门和相关人员提供对决策有用的会计信息。财务会计目标在企业会计制度系统和财务会计系统中有着举足轻重的作用，是制定各种法则和规范会计制度的重要因素。一般来说，财务会计目标分为决策有用观和受托责任观。决策有用观是指信息使用人员要确立正确的财务会计目标，为管理层提供做出决策有用的信息。受托责任观是指如实反映受托责任在进行的状况。另外，财务会计的目标是以记录和核算所有经

济业务的情况为基础的，编制资产负债表、利润表、现金流量表和附表，向财务报告使用人员提供相应的企业经营成果、财务状况与现金流量状况等有关的会计信息，对企业的管理层所托付的任务履行情况进行真实的反映，使领导层可以根据相关财务报告做出更加正确、合理的经济决策。

2. 基于税务会计的会计目标

税务会计是商品经济阶段发展到市场经济阶段的必然产物，税务会计的目标：一方面以遵守税法的相关规定为基本目标，进行正确合理的计税、纳税和退税等操作，以实现降低成本的目的，使税务会计主体可以获得较大程度的税收收益。税务会计再通过向税务和海关部门纳税申报，将纳税信息提供给信息使用人员，帮助税务部门更加方便地征收税款。另一方面将有利于做决策的相关信息提供给税务管理部门和纳税企业管理部门，而为了税务管理部门和纳税企业管理部门能更加正确地进行税务决策，也可以通过整合和运用高层相关人员所提供的相关信息，得到合理的决策方案，获取更大利润收益。

（二）核算对象的差异分析

会计核算是指以货币为主要计量单位，对企业、事业、机关等有关单位的资金和经济信息利用情况进行记账。会计核算范围分为会计时间范围和会计空间范围。会计的时间范围，是指会计分期，通常会计从时间来看，是根据一个年度来划分范围的。会计的空间范围，是指会计主体，实际上就是一个企业。另外，会计核算的范围从空间上看，它只核算本企业的经济业务。财务会计与税务会计两者的核算对象存在着明显差异，财务会计核算对象是通过货币来反映资金运动过程，而税务会计核算对象是通过税负来反映相关的资金运动过程。通过分析财务会计和税务会计之间的核算对象差异，对企业的业务操作与制度改进具有一定的参考价值和借鉴价值。

1. 财务会计的核算对象

财务会计通过货币计量，对相关企业所有的有关经济事项进行核算，为投资人和债务人等利益相关人员进行服务，财务会计核算的对象是可以用货币表现的全部资金活动过程，需要通过财务会计对有关资金状况进行核算。相关资金活动过程不仅可以在一定的程度上反映有关企业的相关财务状况，而且可以对企业一些资金的变动和经营情况进行反映。将资金的投入、周转和循环、退出等过程作为核算的范畴也可以满足投资人员、经营管理人员、企业和国家的经济管理需求。总体上，财务会计的核算对象所涉及的范围要比税务会计更加广泛。

2. 税务会计的核算对象

税务会计是对纳税人的与税收变动相关的经济事项进行核算，税务会计核算的对象仅仅是与企业税负有关的资金运动，包括财务会计中有关税款的核算、申报等内容，与税收没有关系的业务不需要进行核算，也反映出税务会计的核算对象是受纳税所影响而引发的税款计算、补退以及缴纳等相关经济活动的资金运动，而且税务会计的核算范围和财务会计的核算范围还存在着一定的差异，具体表现在税收减免、纳税申报、收益分配以及经营收入等和纳税相关的经济活动，相对来说税务会计涉及的范围比较小。

（三）核算依据的差异分析

财务会计和税务会计的核算依据有着明显的差异，财务会计的核算依据是按照企业会计准则和制度开展和组织活动的，其核算的原则和方法都是来自企业会计准则。企业会计准则会因为行业不同而存在一定的差异，具有一定的灵活性；再者，根据企业会计准则和相关制度的有关要求和规定可以对会计核算进行组织和进行真实的企业财务活动记录，并且提供有用的会计信息，协助企业经营和管理。其中依据会计准则就是要对外提供真实相关的具有高质量的财务报告，一方面要针对相关的资源管理和使用情况向企业管理层做出真实的反映，另一方面为财务报告使用人员提供正确合理的信息，帮助管理层做出正确的决策，对企业会计核算的一些不恰当行为进行规范。税务会计的核算依据是税收法规，核算原则和方法来自税法，税法具有强制性和无偿性、高度的统一性，用于规范国家征税主体和纳税主体的行为，从业人员要遵循税法的宗旨和规定进行核算，然后按照税法的规定对所得税额进行计算总结，并且向税务部门进行申报。税务会计核算要恪守法律规定，遵守国家对纳税人相关缴税行为的规定，目的是保证足额地征收企业税款，以满足政府公共支出的需求以及在国家和纳税人之间的财富分配。

（四）核算原则的差异分析

财务会计以权责发生制作为核算原则，税务会计是在权责发生制基础上，运用收付实现制对其进行调整。由于权责发生制和收付实现制对于同一笔经济业务的处理时间和处理原则不同，导致二者在入账时间及金额方面可能不一致。

（五）稳健态度的差异分析

会计稳健性原则是在会计核算中经常运用的一项重要原则，国家通过发布《企业会计制度》和具体会计准则充分体现了这一原则，对企业会计核算有重要的指导作用。稳健性原则是指当一些相关企业遇到没有把握或者不能确定的业务时，在处理过程中应该要保持谨慎严谨的态度，可以记录一些具有预见性的损失和费用，并且加以确认。财务会计的稳健态度表现在：对企业可能造成的损失和费用进行预计和充分考虑，不去预计企业可能发生的收入，让会计报表可以更加准确地反映企业所发生的财务状况以及经营成果，避免让报表使用人员误解或者错读报表信息。而税务会计的稳健态度表现在：它不会预计未来可能发生的损失和费用，而只对一些已有客观证据并且可能在未来发生的费用进行预计，比如坏账计提，其具有一定的客观性。在市场经济发展的态势下，不可规避风险是很多企业不可避免的问题。在面对问题时，应该积极应对、坚持审慎严谨的原则，在风险实际出现之前做到未雨绸缪，减少风险并防范风险，以化解风险，这样既对企业做出正确和合理的决策有促进作用，也间接地提高了企业对债权人利益的维护能力，进而使企业在市场上有更加强劲的竞争力。

（六）会计等式和会计要素的差异分析

会计要素是反映会计主体相关财务状况的基本单位，通过对会计对象进行基本分类而形成。财务会计有六个要素，包括资产、负债、所有者权益、收入、费用、利润，这六个要素存在联系也有区别，是会计对象具体化的反映，而且财务会计围绕着这六大要素来反映发生的内容和业务，它构成的会计等式为："资产＝负债＋所有者权益"，这是在编制资产负债表时要满足的原则；"收入 - 费用＝利润"，这是在编制利润表时要满足的原则。税务会计有四大要素，包括应税收入、扣税费用、纳税所得和应纳税额，其中应纳税额是核心，其他三个要素为应纳税额的计算提供前提条件。另外，这四个要素和企业应交税款关系密切，税法的应税收入可能与会计上的收入和费用会有所差异，在编制纳税申报表时，税务会计的四个要素构成了以下等式："应税收入 - 扣除费用＝纳税所得额""应纳税额＝应纳税所得额 × 税率"。通过以上等式能更加具体地反映计税过程。

三、财务会计与税务会计的协调分析

在财务会计和税务会计的协调发展问题上应该做到以下几点：首先，要明确两者之间的关系，才能在社会不断发展的过程中协调好两者的关系，避免出现方法不统一、关系严重不协调的现象，要做好财务政策与税收政策、会计政策之间的协调工作，强化会计处理方面的协调性，加强规范性。其次，放宽税法对会计的限制，加强税收法律和会计制度的适应性，重视两者的协调工作。最后，重视人才培养和信息披露，不断提高工作人员的整体素质，加强工作人员的从业学习能力，也要加强对信息的充分披露，确保会计信息能够全面、准确、充分地披露。处理好财务会计和税务会计的协调性，使两者之间政策的一致性得以保障，尽最大的可能减少差异的产生，这不仅可以促使国家经济的持续发展，为企业科学管理奠定基础，还可以保证会计信息的真实合理，促进企业效益得到有效的保障，从而实现企业价值最大化和效益最大化的管理目标。

（一）强化会计处理方面的协调

首先，在会计处理方面，财务会计的核算在按照税法规定的同时也要联系相关的会计原则。税务会计可以将相关的税收理论转变成税法学的相关概念、原理和基础，使其能进一步和相关会计原理与准则相结合，并且借助会计方法，反映企业的应纳税额。税务会计要植根于财务会计，财务会计是税务会计的前提。其次，需要统一会计核算基础，税收采用的是收付实现制，它虽然在操作方面比较便捷简单，有利于税收保全，可是会使应纳税所得额与会计利润之间产生差异，不能体现出税收公平的原则，既不符合收入和费用相匹配的会计原则，也不符合会计可比性信息质量的相关要求。所以在税务会计处理方面应该以权责发生制为基础进行计量，尽量减少税收会计和财务会计之间的差异，体现出税收的公平；同时还要重视会计处理的规范化，财务会计制度和税收法律要体现在具体的工作中，会计制度要与税收制度相互协作，保障企业会计业务的规范化，根据会计理论和方法对税务会计理论体系进行完善，实现财务会计和税务会计的紧密联系。由于我国的税务会计处理方式还不健全、体制还不完善、缺少相关会计制度的制约，而且财务会计发展的时间比较久，所以它相对税务会计，已经形成了比较完善的财务会计理论体系，对我国的财务会计发展有着重要的指导和推动作用。因此要完善和规范会计制度，加强会计制度和税收的协调管理，相关政府部分需要加强对税务会计理论体系构建和完善的力度，加快税务会计的理论体系构建，将税收学科合理地应用于税收体系的构建当中，强化会计处理有利于我国税务会计学科的发展，为完善财务会计制度奠定基础。同时也有利于会计制度和税收法律制度在管理层面上相结合，可以为财务会计和税务会计两方在企业上的协调发展做出贡献。

（二）放宽税法对会计的限制

一方面，税法应该适当地、有限度地放宽企业对风险的评估，这样既能保证企业的抗风险能力，也不会对税基造成损害，放宽税法对会计方法选择的限制有利于提高会计政策的灵活性，从而促进企业创新技术和竞争能力。税法可以规定在企业发生会计政策变更时，要通过税务机关的批准和备案，并且针对变更会计政策做出相应的规范方案，防止偷税漏税。另一方面，要强化会计制度和税收法规的适应性。由于财务会计是建立在相关会计制度和规章的基础上的，而税收会计是建立在税收法律基础上的，两者的原则不同。因此，要更加重视税法和会计制度之间的适应性，会计制度要重视和关注税法监管的相关信息需求，实现和加大会计对于税法和税收规章的信息支持效果，而税法也要积极提高对会计制度协调性的执行力度，在税收征管中与会计制度进行磨合，增强两者的协调性，这样既有利于财务会计和税务会计的合理协调，也可以推动企业和国家的经济发展。

（三）重视人才培养与信息披露

当前，由于大部分企业的财务人员和税务人员掌握的专业知识和理论都属于财务和税务分离的知识结构，甚至有一些工作人员只掌握了其中一小部分的知识。这样不仅阻碍了企业的发展，而且限制了企业财务会计和税务会计的合理开展，所以企业要重视和加强企业财务人员对财务会计和税务会计的学习，增加其工作能力。另外财务会计人员在进行会计工作的时候，需以《企业会计准则》为基准，遵守财经法规等职业道德，不断提升自己的专业学习能力、巩固专业知识、提高自己的素质等，保障企业会计信息的客观真实、健全完整。同时，当前企业会计准则对企业披露信息要求比较低，导致披露不足，增加税务机关监管和征缴税款的难度,使得债权人不能充分了解和掌握企业有关税款征收的信息。针对现阶段的会计制度和对企业会计信息的披露制度不完善现象,努力加强政策宣传与会计信息披露,无论是税务部门还是财务部门都应该在宣传方面加大力度,提高对政策宣传的支持力度,保证能够把财务会计和税务会计的相关内容纳入宣传工作范围,从而提高会计制度和税收法律协调的效率。另外,应该保障会计报表的公开性和保证会计必要信息的完整披露,确保会计信息更加全面、更加准确、更加充分地披露,从而促进财务会计和税务会计的协调发展。

随着经济体制的不断改革和我国会计信息应用的不断多元化,税务会计和财务会计的矛盾和差异也日益增大,两者的矛盾和差异为企业的发展和运作、财务与税务管理等方面带来许多困难和干扰,虽然我国在努力缩小财务会计和税务会计的差异,但是两者差异不可能立即消除,所以协调好两者关系势在必行,针对当前存在的财务会计和税务会计之间的管理差异和不足之处,应该辩证对待,对两者的差异进行合理辨析,在理论上争取不断地创新,在方法上不断健全和完善,结合当前的经济发展形势选择可行的协调模式。另外还要强化会计制度和税法的适应度,加快税务会计和财务会计的理论体系构建速度,加强财务部门和税务部门的沟通,重视人才培养和提升人员素质、强化必要信息的披露工作、协调财务会计和税务会计之间的矛盾,使企业可以更科学、更长久地运转,这不仅对企业管理水平的提升具有重要意义,而且对我国经济发展也具有举足轻重的作用。

第三章　企业会计应用型人才培养四位一体驱动模式

第一节　课程教学驱动

一、慕课背景下财务管理课程教学驱动

进入 21 世纪后，信息技术作为 21 世纪的产物，在社会方方面面中发挥着重要作用，为人们带来了巨大的便利和益处。信息技术渗透到医学、空防、教育、交通、文化、金融等各个行业，为提高各行业的工作效率和能力发挥了重要作用。所以，将信息技术融入现代教育事业具有举足轻重的作用，它可以从根本上改革当下教育事业的教学方式，为更多人提供丰富、系统的学科知识，提高社会整体人群的知识储备和素质，必然促进传统教学方式的重大变革。

（一）慕课的基本内涵和应用慕课教育的优势

1.慕课的基本内容介绍

慕课是英文 MOOC 的英译名，它是英文单词（Massive Open Online Course）的缩写，代表的含义是大规模线上开放课程。它作为我国新兴的教学模式，在我国教育事业改革中发挥着举足轻重的作用。它的优势在于利用现代网络的普遍性和发达性，让人们利用网络来学习先进的专业知识，传播前沿、最新的教学资源。慕课是 10 年前开始发展起来的，从美国迅速发展到世界各地，得到各国当地著名学府的积极引入，实现了教学方式的重要变革。

2.应用慕课教育的优势所在

慕课教育打破以往依赖传统教室的束缚，可以不受空间、时间的限制，建立一个大型教学课堂。它能够通过网络让每一名学生都可以进入慕课教学"课堂"中进行学习，这样可以让需要这些知识的学生不再受各种因素的限制，随时随地进行学习，并且它的教学内容更为先进科学，能够传播世界上最为前沿的知识，不但可以满足更多人对知识的需求，同时还可以实现世界上整体人群基本素质的提高，体现教育公平化的重要目标。慕课教育

的重要特点就是在线人数多，一门优秀的课程动辄上万人进行学习。而且，慕课教育教学形式灵活，可以让每个人按照自己的方式进行学习，真正实现"一对一"的教育目标。同时，慕课教学内容都是通过视频方式来实现，学生可以根据自身的学习情况进行互动交流，实现对知识的充分掌握。因此，应用慕课教育对于发展我国教育事业至关重要，具有改革教学的重要作用。

当下，《财务管理》课程教学要求学生对财务知识有一个全面系统的了解和掌握，可以运用现代信息技术来解决这一难题，从而实现《财务管理》教学的科学化、信息化，对推动《财务管理》课程教学改革具有重大作用。因此应在《财务管理》课程教学当中渗透慕课教育，使之为推动教育发展做出重要贡献。

（二）当前《财务管理》课程教学存在的问题

1.《财务管理》课程教学安排不够科学合理，没有真正对接实际工作

《财务管理》课程需要学生掌握企业资金筹集、企业资金流向安排、资金流转效率和投入产出比，并且还要懂财务比率运算法则。这些内容都需要花费较多时间来进行学习，需要学生能够真正掌握、懂得其中的原理和知识。但是，当下《财务管理》教学课程教学安排不够科学合理，没有真正培养学生对财务管理知识的理解运用能力。许多学生在没有真正理解其中含义的情况下，就被动地进行深层次的知识学习，从而导致学生学习困难，对《财务管理》课程缺乏足够的兴趣和动力。

2.《财务管理》课程的教学内容不能满足实际财务所需

《财务管理》教学的主要目标是培养一批具有高素质的财务管理人才，让他们更好地到社会当中发挥自己的专业知识，解决各个行业财务管理遇到的难题。所以，《财务管理》课程一定要和实际社会所需做好对接，培养出社会所需的财务人才。但是，当下我国财务管理的教学内容都是照搬西方财务管理理论，没有对他们的理论进行实际分析和研究，没有充分考虑我国企业的实际情况。这就造成很多西方《财务管理》课程不适合当下我国企业的财务管理工作，不能很好解决所面临的问题和挑战。

3.《财务管理》课程的教学方式不能很好激发学生的学习动力

《财务管理》课程教学，不但要让学生掌握足够丰富的财务知识，同时还要激发学生学习知识的动力，让学生自愿在这个专业领域得到长足发展。但是，当下我国《财务管理》课程教学方式仍旧采取以往模式，对学生教学内容传授只是停留在单纯地知识灌输上，师生之间没有形成良好的互动关系，学生在教学中只是被动学习，无法发挥主动性。

（三）面向慕课背景下《财务管理》教学改革的途径

1.合理划分教学内容和教材安排

《财务管理》课程一定要合理划分教学内容，一定要让学生掌握最为全面的财务管理

内容。这就需要将财务管理分为财务基本知识教学和企业实际应用教学。财务知识教学一定要让学生学习到全面的财务知识，理解财务管理的时间价值、风险价值的含义，提高投资管理、筹资管理、资金营运管理、利润分配管理、财务分析的能力。对于这些内容的教学就需通过慕课教学来实现，通过慕课让学生利用课下时间完成对对于财务管理基本知识的了解。同时，学生在学习过程中遇到不懂的问题时，积极通过慕课方式来进行问题求解，及时解决他们学习上遇到的难题。这样，慕课可以让学生在空闲时间来完成基本知识的掌握。同时，也需要学生在具体的企业财务管理实践当中去检验自己能力。利用慕课来获取企业财务管理的实际案例，这样学生就可以对现实企业财务管理问题进行分析，研究企业筹资活动、资金成本、流动资金、资金回笼等实际财务知识，同时还可让学生利用慕课实际案例来分析当下企业财务管理发展的现状，让学生真正在慕课上锻炼自己的分析能力，充分实现自我水平的提升。

2. 利用慕课方式充分锻炼学生的实际应用能力

传统的教学方式都过分注重理论，轻实践，导致学生在实践当中应用专业知识能力欠缺，不能很好利用学过的知识来解决实际问题。这就会让高等教育失去其实际的教学内涵，导致培养出来的学生不能满足社会所需。所以，利用慕课方式来充分锻炼学生实际应用能力势在必行。这就需要学生在慕课上，真正将 Spss、Excel 数据处理软件理解到位，充分掌握财务管理软件的基本内容，能够利用它们来解决实际问题。并且，还要利用 MOOC 实现知识的交流和学习，让学生充分交流在实际过程中所遇到的难题和不足之处，懂得如何在实际应用中解决难题，提高自己的实际应用能力。

3. 建立慕课学习效率考核评价标准，真正实现学生综合能力的提升

慕课《财务管理》课程可以为学生提供更为丰富的教学知识，让学生利用慕课平台随时随地进行知识的学习和完善，真正清晰掌握企业财务管理工作流程，有利于学生在实践当中发挥出自己真正的才能。这就需要在慕课学习平台下，建立符合慕课教学的考核评价体系，让学生随时随地对自己的学习情况进行检验。这样，学生在检验过程中就能了解自己在哪些方面比较欠缺，需要重点掌握哪些内容和技能。同时，还要积极鼓励教师在课堂上运用慕课教育，通过慕课平台让学生进行实际财务管理操作练习。通过慕课平台，教师就对学生知识掌握程度有了更为清晰的了解，可以更为科学合理地进行教学安排，懂得需要在哪些方面下大力度进行知识传授，在哪些内容上可以进行粗略教学，从而实现《财务管理》课程教学的精准化、针对化。如此一来，既节约了学生实际学习时间，为全面系统的安排教学提供了便利，同时也能真正实现学生综合能力的提升。

慕课为我国《财务管理》课程教学提供了一种全新的教学模式，能够更好地解决实际财务管理过程中所存在的问题和不足之处，能够让每一名学生利用慕课平台实现自我的发展，能够为我国培养出满足社会需求的财务管理专业人才，因此高校《财务管理》课程应积极推进慕课这种教学形式，促进我国财务教育的长足发展。

二、基于 PBL 教学模式的《财务管理》课程教学

《财务管理》是一门综合性、实践性和应用性都很强的课程。鉴于该课程的特点，以教师为主导的"填鸭式"教学模式，不利于学生独立思考、分析问题、解决问题能力的培养和财经类专业人才核心竞争力的提升。因此，需要积极改变教学模式和教学方法，努力探索和构建师生互动、学和用相结合的教学模式。本节拟引入 PBL 教学模式，探讨其在《财务管理》教学中的运用。

（一）PBL 教学模式介绍

PBL（problem-based learning）是以专业知识领域的问题为导向，让学生通过自主学习和小组协作学习相结合的探究式学习方式，在解决问题过程中掌握隐含在问题背后的专业知识，最终完成知识体系的建构、能力的培养和学习习惯的养成。显然，以"问题为导向、学生为中心、老师为指导"的 PBL 教学模式，强调了启发式和互动式的教学方法的运用，实现了对课堂讲授内容全灌输到问题参与的变换、教师由讲授角色到辅导角色的变换、学生由被动的学习者到主动解决问题的变换，最大限度地提高学生学习的主动性与教学过程的参与程度。

PBL 教学模式下的教学流程可以分为以下三个阶段：（1）课程准备阶段；（2）课程实施阶段；（3）课程评价阶段。

（二）PBL 教学模式在《财务管理》教学中的运用设计

1. 课程准备阶段

（1）整合教学内容。整合教学内容，就是先对《财务管理》的理论知识进行科学梳理，探索模块化教学，打破传统按教材章节顺序授课的模式，帮助学生宏观把握基本知识脉络，深入理解财务管理决策实质。以企业资金链为依托，可以将财务管理按财务分析、两个价值观念、筹资决策、投资决策、营运资本决策、股利分配决策分为六大模块，即"一个分析工具，两大价值观念和四个主要内容"，既有利于学生对《财务管理》研究内容的宏观把握，又为 PBL 教学模式下学生自主学习奠定基础。

（2）创设情境，设计问题。老师以整合后的教学模块为基础，结合现实中的热点问题来选择案例，创设情境，再根据所选案例设计相关的教学问题。"问题"的设计是 PBL 教学模式的核心，老师可以从《财务管理》课程需要学生掌握的基本概念和原理等知识点，作为切入点来设计教学问题。"案例"和"问题"的设计需要精心筛选并不断改进和优化，使其能体现知识体系，以确保教学质量和教学效果。例如，在讲述股利分配决策时，笔者引入佛山照明股利政策分析的案例，根据知识点设计了以下基本问题：①试分析佛山照明的股利政策及其特点；②在中国上市公司普遍不分红或少分红的情况下，佛山照明坚持高

现金股利发放的原因是什么？③这个被称为"现金奶牛"的公司，股价在二级市场上却表现平平的原因是什么？④佛山照明的现金股利政策向市场传递了什么信号？⑤运用股利政策分析框架探讨佛山照明股利政策的合理性。⑥试探讨股利分配与公司财务管理最终目标——股东价值（财富）最大化的相关关系。精心设计的问题不仅涵盖了知识点，还能通过结合实际培养学生浓厚的学习兴趣，激发学生自主学习的积极性。

（3）学生分组。PBL教学法以学习小组为单位，合理分组有利于培养学生的自学能力和团队合作精神。在实践中，笔者一般按照学号对学生进行分组，因为学号相近的同学一般比较熟悉或同寝室的情况居多，这样在后续完成任务过程中沟通效果与执行效率较能得到保障。一个学习小组一般6~8人为宜，因为每组人数太多达不到实践效果，人数太少任务又太重。在长期讨论过程中，学生可以逐渐学会相互配合，从而提升讨论效果，同时也锻炼了人际沟通和团队合作的能力。此外，学习小组成员还可在讨论中取长补短，不同观点的碰撞还可能产生创新性思维，彰显集体智慧的力量。

2. 课程实施阶段

（1）老师引导启发，学生自主探究。即使在PBL教学模式下，老师仍然是知识点的引导者和启发者。教师把引入的案例和设计好的问题布置给学生，可以告诉学生完成这些问题应掌握的知识点、从何处可以获取理论知识，以及获取的方式和方法，从而引导学生来解决各个问题。

（2）小组成员讨论，汇报最终成果。在自主学习的基础上，通过学习小组组内互相讨论、互相启发，对自主学习中遇到的问题和疑惑进行解决，并在了解相应知识点和理论基础上讨论问题的解决方案，探索问题的答案。最终形成小组的问题解决方案或分析结果，由小组成员轮流做中心发言，其他同学补充或修正。学习小组成员间的讨论和发言，能使学生学习的自主性和互动性得到提高，促使学生将理论知识运用到实践案例中去，提高学生理论与实践相结合的能力，促使学生更深入地理解和整合知识点，并最终内化为自身的能力。在此过程中，老师的角色转换为指导者和监督者，对小组提出的疑惑予以解答，对论述错误的内容立即纠正，对各组之间形成的不同观点和意见予以引导。

3. 课程评价总结阶段

（1）自评互评和老师评价相结合。在PBL教学模式下，具有调控导向激励功能的评价是不可或缺的重要环节。评价可以通过学生自评、互评和老师评价相结合的方式。评价的内容可包括对新知识的理解、掌握和应用程度，自主学习的能力，组内相互协作的能力，解决问题的能力，回答问题的情况，等等。通过评价，一方面可以激发学生学习的积极性，也可以促进学生反思，对自己的学习方法进行总结和改进。另一方面，可以让教师发现问题设置、教学编排、指导方法等方面的不足，还可以更好地了解学生的素质和水平，从而更好地组织教学和因材施教。

（2）总结并梳理知识点和重点难点。在PBL教学课结束前，老师应该对设定问题的参考答案或分析重点做出小结；从理论的角度对学生的汇报成果进行逐项分析，对学生的分析视角和分析深度做出点评；对学生陈述模糊的问题和有疑惑的问题给予重点说明。鉴于财务管理课程的特点，老师还应该对隶属于该模块的知识点进行梳理，并强调重点难点，促使学习差的学生或学习有疏漏的学生，通过教师的回顾与总结，跟上教学进度并全面掌握知识点，顺利完成学习任务。

三、基于 B-Learning 的高职《财务管理》课程教学驱动

（一）高等职业院校《财务管理》课程混合教学必要性

《财务管理》是各高校财经类专业的统设课程。根据调查，各高职院校本课程一般安排在第三或第四学期，在学生学习了会计类课程后，通过本课程的学习，学生可以进一步掌握会计信息加工的知识力，具备一定的财务分析和评价水平。

然而，高等职业院校《财务管理》课程教学普遍存在如下问题：教学方法单一，缺乏互动；理论与实践脱节严重，实训缺位；教学资源单一等。因此，对高职院校课程教学进行全新的设计就显得非常重要，教学中不能再单纯地采用传统的面授灌输模式，当然也不能一味强调在线学习（E-Learning），而应该将传统面授教学、小组讨论、基于网络在线学习紧密结合起来，构建成多维互动、多元交流的混合学习（Blending-Learning）教学体系，并形成一套教学支持与服务体系。只有将《财务管理》教学内容与生活实践紧密结合，学生才能清楚这门课程到底能学到什么知识和技能，从而激发他们的学习热情。

（二）基于 B-learning 的《财务管理》课程教学保障体系构建

1. 改变教学理念

B-learning 学习模式下，教师首先要改革自身教学理念，跳出传统的微观层面的"课堂"视野，采取更加宏观全面的教学理念。改变教学理念还包括加强自身能力的培养，以及对自身理论和实践能力的塑造。随着学科实践和理论的不断发展，《财务管理》理论和方法也在不断地更新，因此每个教师都要不断从学科理论和教学技术上提高自己。

B-learning 教学模式对教学艺术有更高的要求，教师除需要熟练掌握课程知识外，还要提前进行综合设计，灵活运用各类教学资源，有意识培养学生独立思考、分析问题、解决问题的能力。教学设计中要理论与实践充分结合、理想与现实充分结合，在实践中巩固理论，在理论学习中指导实践。要引导学生学会学习，通过在网络上查询资源解决问题，教师要经常在网络教学平台上和学生互动，通过混合学习方式提高教学效果。

2. 加强团队保障

B-Learning 教学模式下，教师需要有更高的教育技术应用能力。为了保证《财务管理》B-learning 教学质量，需打造一支由本课程教学人员、教学管理人员和教学辅助人员共同

组成的课程教学资源建设和支持团队。其中，教学管理人员是对课程开课、资源管理和控制的人员，可由教学人员兼任，教学辅助主要包括网站建设、网络支持等。

3. 课程资源建设

课程资源建设是教学根本，B-Learning 教学离不开各类课程资源。基于 B-Learning 的《财务管理》课程教学资源建设要形成立体化的资源体系，该体系以学习者学习为中心，形成立体多维的学习资源支持体系。该支持体系包括主辅教材、线下音视频教材和网络课程三部分。主辅教材就是传统面授课使用的理论教材和其他配套文字资料，在高职《财务管理》课程教学中，一般采用模块化、项目化为基础，任务化驱动的理论教材，以便激发学生的学习兴趣。网络课程是开发的与教材资源配套的教学资源网站，授课教师可以利用课程网站进行线上或线下的教学、考核，实现与学生之间的交流互动，学生利用课程网站除和老师进行交流外，也可以和其他同学进行交流。

（三）基于 B-learning 的《财务管理》课程教学设计策略

1. 学习者特征分析

通过对某学院 2011—2013 年的会计电算化和财务管理专业学生跟踪调查了解到，这些学生都都能够熟练掌握网络浏览、资源查找技术，他们更喜欢形象生动的学习内容，更容易接受网络上推介的资源；由于接受了长期的传统教育，他们对于传统灌输式教学没有新鲜感，更喜欢参与式的学习方式。作为互联网时代成长起来的一代人，这些学生对网络有很大的依赖，熟练掌握了网上浏览等基本技术。

2.《财务管理》知识内容分析

《财务管理》是财经类各专业主干课程，通过《财务管理》课程学习，要求学生懂得财务管理的基本理论，基本原则和预测、决策方法。这些内容多与生活实践紧密联系，因此学习这些内容，既要加强方法训练，又要联系生活实际。要结合实训、实践，使学生具有初步进行财务分析、风险评估、预测和决策等企业日常财务与经营管理的能力。

3. 教学方法策略分析

针对高职院校的学生，《财务管理》课程宜选择内容浅显易懂的教材，形式要更加活泼。在《财务管理》网络课程网站建设上，需以"学生为中心"，构建多维互动、多元交流的网上学习平台。教学中要鼓励学生积极参与到学习活动中来，让学生在不同的情境下成为学习主体。以《财务管理》课程为例，基于 B-Learning 教学设计策略可归纳如下：

（1）案例分析教学策略。《财务管理》项目化教材中，一般通过情境案例引出问题、分析问题、解决问题。引入情境案例后，提出问题，即可对学生进行分组，并指定组长；教师随后可进行理论和方法教学，讲授解决问题的思路和理论方法；展开案例讨论，由每组讨论出结果后指派一人进行发言，发言中老师要注意进行适当点评。对于案例分析或讨论来说，部分内容采用现实案例作为基础则更加具有吸引力，比如证券投资决策、财务分析等内容，可以结合财经类网站（如东方财富、和讯网）中部分代表性公司的实时资料展开，既能让学生体会到财务管理方法的重要性，又能对课程提高感性认识，那些枯燥的数字和公式就会变得鲜活。

（2）基于网络平台的情景创设策略。《财务管理》课程教学中，教师需要将网络课程及相关资料及时上网，引导和督促学生利用网络平台进行自主学习。面授结束后，老师可把相关的问题或案例放入网络教学平台上，并在网络平台上呈现与当前学习内容相关的背景资料、课程视频、文本资料等。教师可以要求学生在网络平台上提交答卷，可以有计划地在网络课程答疑平台上推进实时的师生互动，并把这些计划告诉学生，参与情况计入期末考核综合成绩。在这种教学策略中，教师的引导至关重要，授课教师应当有计划地安排不同形式、基于网络课程平台的学习和交流，引导学生学习方法的改变。此策略可用于《财务管理》中理解财务管理目标、风险的计量、财务分析等。

需要说明的是，以上基于 B-learning 思想的教学策略构建，是根据《财务管理》课程内容特点的教学策略，具体教学中，授课教师应灵活掌握具体教学策略。

4. 教学媒体选择策略

当代学生都成长在信息爆炸的时代，对学习媒体的选择有近乎苛刻的要求，传统的、单一的纸质媒体已无法满足他们的要求，因此，教学中需使用不同的媒体或媒体组合，并且将这些组合和传统教材有效融合才能达到更好的教学效果。在《财务管理》的课程教学中，首先要制定每个教学任务的目标，其次根据教学内容、认知层次选择合适的教学策略和方法，最后选择最合适的媒体资源。教学媒体选择应按如下步骤进行：

（1）分析各种教学媒体的特点。在进行媒体选择之前，需要对教学媒体进行搜集整理，并掌握各类媒体的特点，这些特点包括媒体是静态的还是动态的、是文本的还是视频的、是图像还是文字的等等，掌握媒体特征后，才能知道该如何应用这些媒体。

（2）确定不同教学媒体的使用目标。教学内容和教学媒体的选择有密切关系，它们围绕着同一个教学目标。因此，在选择教学媒体之前，首先要确定它们对应的教学内容和目标，比如主教材和案例分析的目标是呈现事实，电子和网络视频是为了提供示范，基于网络平台的在线支持则是为了创设情景。《财务管理》课程教学设计中，首先可建立一个"内容—目标—媒体"三维选择模型，其次对各部分教学内容和目标充分分析，最后根据各种媒体的特性。

（3）《财务管理》课程的媒体选择。根据上述分析，针对《财务管理》课程各部分教学目标和教学内容，结合各种教学媒体的特点、使用目标、传输渠道等选择合适的媒体。

5. 教学评价方法策略

基于 B-Learning 的《财务管理》教学评价策略是检验教学质量的关键，也是改进教学方法的基础。学生的参与热情关系《财务管理》的教学效果，因此教学质量评价既要对学习者最终学习成果予以评价，也要对学习者学习过程进行评价。以任务情境为教学单元的，要加大平时考核的比率，每一单元都要进行考核，以促进学生参与的热情。

从评价方法上看，进行学习单元考核可以通过展示学生优秀作品、分组发言等来刺激学生，学生感受到压力后，课堂教学氛围会发生很大的变化。当然，基于 B-learning 的教学评价还应结合网络课程网站进行，学生可以深入课程讨论区、答疑 BBS 平台进行交流，也可以通过网络试题库和章节习题监测自身学习成果，进行学习反馈。

基于 B-learning 的教学评价还包含对任课教师的评价，可以采取学生测评和任课教师自评、互评相结合的方式。通过自评和互评，可以促进授课教师认真反思教学中的不足，改进课堂教学设计，提高教学效果。

第二节 人工智能＋课堂教学驱动

一、基于人工智能＋《财务管理》课堂教学驱动

近年来，随着以计算机为代表的新信息技术在教育领域的大量运用，为创设以学习者学习为主体的教学方法提供了更多的可能，尤其是建构主义学习理论，提出应重视学生的主观能动性，强调学生面对具体情境进行意义的建构，从而使基于计算机和网络环境下的、强调学生问题解决能力培养的课堂教学设计得到了普遍重视。

（一）基于网络环境下的《财务管理》课堂教学设计指导原则

指导原则是整个"财务管理"课堂教学设计过程中的指导思想，它贯穿在课堂教学设计过程中的每一个环节。

1. 一体化原则

传统的"财务管理"课堂教学系统由教师、学生和教学内容三个要素构成，教师通过向学生讲授教学内容来达到知识传递的目的，这是一种相对松散的模式，而基于网络环境的《财务管理》教学加入了新的要素——教学媒体。教学媒体的介入，对教学内容来说，它是一种表现工具，可以实现更优化的内容表现；对于教师而言，它是一种教学组织与实施的工具，可代替教师做很多常规的工作；对于学生，它则是一个认知工具，不仅可以帮助他们获取知识，而且可以帮助他们发展认知能力。教学媒体的这三种主要作用，使得教学系统由松散变成紧密，大大提高了各要素之间相互作用、相互联系的频率和强度，极大地提高了系统内部信息传递和转化的效率。因此，"财务管理"课堂教学设计一定要综合考虑这四个基本要素，实现教学要素的一体化。

2. 以学生为中心原则

基于网络环境的《财务管理》课堂教学是建立在"以学生为主体，教师为主导"的双主教育模式之下的，其目的是要充分发挥学生的认知主体作用。因此，《财务管理》课堂教学设计要围绕着学生这一核心要素来进行。课堂教学设计要以优化学习过程、促进学生认知的获得为最终目标。

3. 能力素质培养原则

在课堂教学设计中，不仅要着眼于知识的传授和传递，更重要的是运用知识解决具体问题的能力培养，要注重学生思维品质的形成和认知技能的发展。就《财务管理》课堂而言，尽管其具体的知识可能更新换代很快，但学科的基本思想、基本方法是相对稳定的，如果学生具备良好的思维素质，就能在解决实际问题的过程中，快速学习新知识，接受新思想，从而以灵活的方式解决实际问题。

（二）《财务管理》课堂教学过程的设计

课堂教学过程的设计是教学内容的组织与安排、教学媒体的选择与应用及教学方法的实施的总和。课堂教学过程的设计是一堂课成功与否的先决条件。设计新颖，会激起学生潜在的学习热情及学习潜能，令学生迸发出智慧的光芒。设计不当，则可能成为知识的堆积或方法的罗列，达不到应有的教学效果。

值得注意的是，基于网络环境的《财务管理》课堂教学中，教师已不单是知识的传授者，更不是课堂教学的中心，而是教学的组织者、课堂的设计者、学生学习的引导者。教师应尝试运用研究学习、合作学习、社会实践活动等教学方法，培养学生的可持续发展能力和终身学习的能力。教师应通过各种媒体的应用，创设情境，激发学生的求知欲，培养学生的学习兴趣，使学生由被动接受转变为主动参与，把学习过程更多地变成学生发现问题、分析问题、解决问题的过程。

针对财务管理课堂教学的特点与需求，结合网络时代教学与学习理论的启示，我们在课堂教学过程的设计时，强调学生知识的主动建构，强调教师的引导作用，强调知识的应用与迁移，强调学习能力与协作能力的培养，在实践中进一步加深对已有知识的理解，并发现新问题，实现学用相长。基于此，我们把《财务管理》课堂教学过程的设计基本流程归纳为：网络导学、理论学习、模拟实验、课堂实践等四个基本环节。

1. 网络导学

笔者认为，在课堂学习活动开始之前，应对学生的学习进行适当引导，为课堂学习活动的开展做好各个方面（知识、方法、心理）的准备。可利用网络平台，向学生提供《财务管理》课堂导学信息，其内容可包括：课程学习目标、本课程与其他课程的关联、课程知识框架、课程学习的重点与难点、课程学习的方法或建议、课程学习过程中应注意的问题、课程教学管理信息等等。也可针对本堂课学习的重点、难点或热点，在网上组织课前研讨活动，使学生带着问题进行学习，提高学习兴趣。

2. 理论学习

《财务管理》课程的理论学习，以企业资金运动为核心，以资金时间价值、风险报酬为基本观念，以筹资、投资、资金营运和收益分配为主线，以财务管理的基本概念、原则、制度等理论问题以及财务预测、财务决策、财务预算、财务控制、财务分析等业务方法为主要内容。这些知识内容应用性强，与实际问题情景联系紧密，针对《财务管理》课程内容的主要特征，这里笔者强调案例教学与专题学习。教师应提供与课堂学习相关的文献或案例，通过网上交流平台，组织学生进行分析与评述；并针对重点、难点或热点，结合相关知识，组成专题，提供专题学习资源，设计专题学习活动。

3. 模拟实验

《财务管理》课程实验是以企业财务运作为核心，利用专业实验软件，模拟企业财务预测与决策过程。其目的在于给学生提供一种全新的、逼真的环境，使学生在模拟环境中受到专业教育和技能培训。它让学生（实验者）通过对若干财务政策与方法进行单因素实验或多因素实验，观察实验中的差异现象，分析产生差异的原因，检验某项财务活动的科学性，通过实验加深对财务管理理论与方法的认识。在该环节中，教师从虚拟企业现实的情景中设计实验案例，并提出有关财务管理问题；学生探究解决问题所需的条件，利用专业计算机软件分析、整理资料，提出问题解决方案并表达研究成果。

4. 课程实践

作为一个实践性学科，《财务管理》课程实践在课堂学习过程中至关重要，它是学生对所学财务管理的知识与方法的综合运用与深化理解，是培养学生应用能力、综合能力与创新能力的关键。在该环节中，教师应针对课程特色，设计与课程学习要求相关的、难度适中而具有一定开放性的项目或课题；组织学生组成项目工作小组，完成项目任务，提交作品或报告，利用网络多媒体技术，记录活动过程，组织与引导展示、反思、交流与研讨。

（三）基于网络环境的《财务管理》课堂教学设计的实践

广东商学院从 2003 年起实施教学信息化工程，该工程的实施一直秉承"研究—计划—实施—评价—反馈"的工作模式。经过多年的努力，该校的信息化教学环境发生了巨大的变化，信息化教学应用方面也取得了显著的成效，具备了进行网络辅助教学模式构建的资源和环境条件，在教学信息化建设方面迈出了扎实的一步。基于网络环境的《财务管理》课堂教学设计的实践也正是建立在学校的信息化建设平台上开展的一项教学改革。为此，财务管理教研室的教师集中优势兵力，自行开发了《财务管理》网络辅助课程、财务管理实验教材及软件，并组织学生创建了"学生学习创新网站"等网络学习资源，实现了优质教学资源的共享，也为学生开展基于网络环境的《财务管理》课堂学习提供了丰富的学习资源。同时，还成立了研究小组，对《财务管理》课程如何利用网络环境促进理论知识向实践迁移进行研究，为普通高校通过教育教学信息化提高专业教学水平、促进教学改革的研究与实践提供了参考与借鉴。

第四章　新时代背景下大数据企业的财务体系构建

第一节　大数据环境下的决策变革

决策理论学派认为，决策是管理的核心，它贯穿于管理的全过程。企业决策是企业为达到一定目的而进行的有意识、有选择的活动。在一定的人力、财力、物力和时间因素的制约下，企业为了实现特定目标，可从多种可供选择的策略中做出决断，以求得最优或较好效果的过程就是决策过程。决策科学的先驱西蒙（Simon）认为，决策问题的类型有结构化决策、非结构化决策和半结构化决策。结构化决策问题相对比较简单、直接，其决策过程和决策方法有固定的规律可以遵循，能用明确的语言和模型加以描述，并可依据一定的通用模型和决策规则实现其决策过程的基本自动化。这类决策问题一般面向高层管理者。非结构化决策问题决策过程复杂，其决策过程和决策方法没有固定的规律可以遵循，没有固定的决策规则和通用模型可依，决策者的主观行为（见识、经验、判断力、心智模式等）对各阶段的决策效果有很大影响，往往是决策者根据掌握的情况和数据临时做出的决定。半结构化决策问题介于上述两者之间。而战略决策问题大多是解决非结构化决策问题，主要面向高层管理者。

企业战略管理层的决策内容是确定和调整企业目标，以及制定关于获取、使用各种资源的政策等。该非结构化决策问题不仅数量多，而且复杂程度高、难度大，直接影响到企业的发展，这就要求战略决策者必须拥有大量的来自企业外部的数据资源。因此，在企业决策目标的制定过程中，决策者自始至终都需要进行数据、信息的收集工作。而大数据为战略决策者提供了海量和超大规模的数据。

大数据时代，工商管理领域正在利用大数据创新商业模式，同时也在创造新的产业空间。在零售业方面，可以通过大数据分析掌握消费者行为，挖掘新的商业模式；在销售规划方面，可以利用大数据分析优化商品的价格与结构；在运营方面，能够利用大数据分析提高运营效率和客户满意度，优化劳动力投入，避免产能过剩；在供应链方面，可以使用大数据对库存、物流、供应商协同等工作进行优化；在金融业领域，利用大数据可以实现市场趋势预测、投资分析、金融诈骗识别和风险管理等功能。除此以外，大数据也可以为新兴的文化创意产业提供扎实有效的数据支撑。例如，超市的排货问题，传统的做法是遵循物以类聚的原则，但是在大数据环境下，依据数据相关性分析，还存在着更加合理的方式。世界最大的零售商沃尔玛通过对顾客的购物清单、消费额、消费时间、天气记录，以及超市货物销量趋势等各项数据进行全面的分析，发现每当飓风来临之时，某一种品牌的蛋挞销量就会相应的增加。以这种通过大数据分析显示出的飓风袭击和蛋挞销量之间关联，指导沃尔玛在商品摆放时将飓风应急用品与蛋挞相邻安排，就可以得到更高的收益，这充分体现了借助大数据相关性分析所得到的结果可取得传统的人工决策不可能得到的效益改变。

第二节　财务管理体系应聚焦落实财务战略

大数据时代，设立单独的财务管理机构是十分必要的。因为企业的核心资源不再仅仅局限于货币资金、土地和知识产权等，商业数据也具有同等的地位。数量巨大、形式多样的商业数据最终会通过各种形式在财务数据中体现，而财务管理人员是处理商业数据最好的人选。将财务管理机构从会计部门独立出来，配备具有丰富经验的从业人员，可以在体制上保证财务管理人员从繁杂的会计核算中解脱出来。一般的财务人员并不擅长数据分析，所以企业在招聘时可以为财务管理机构配备一些数据分析人员，由其专门负责数据的解读。

财务数据作为企业最重要、最庞大的数据信息来源，在企业财务活动日益复杂、集团规模日益庞大的今天，其处理的效率、安全等问题考验和制约着企业集团的更高一层发展。而以云计算为标志的新时代的财务共享模式，能够为大数据时代下企业集团再造财务管理流程、提高财务处理效率提供帮助。

共享服务中心（Shared Service Center，SSC）是一种新的管理模式，是指将企业部分零散、重复性的业务、职能进行合并和整合，并集中到一个新的半自主式的业务中心进行统一处理。业务中心具有专门的管理机构，能够独立为企业集团或多个企业提供相关职能服务。共享服务中心能够将企业从琐碎零散的业务活动中解放出来，专注于企业的核心业务管理与增长，精简成本，整合内部资源，提高企业的战略竞争优势。共享中心的业务是企业内部重复性较高、规范性较强的业务单元，而且越容易标准化和流程化的业务，越容易纳入共享中心。

财务共享即依托信息技术，通过将不同企业（或其内部独立会计单元）、不同地址的财务业务（如人员、技术和流程等）进行有效整合和共享，将企业从纷繁、琐碎、重复的财务业务中剥离出来，以期实现财务业务标准化和流程化的一种管理手段。

福特公司在20世纪80年代建立了世界公认最早的财务共享服务中心，整合企业财务资源，实现集中核算与管理，并取得了巨大成效。随后财务共享服务中心模式在欧美等国家开始推广，并于 20 世纪 90 年代传入我国。而随着我国企业的快速发展和规模的扩张，以及信息化技术的普及，许多国内大型企业集团已经组建了自己的财务共享服务中心，如海尔集团、中国电信等。

一项来自英国注册会计师协会的调查显示，超过 50% 的财富 500 强企业和超过 80% 的财富 100 强企业已经建立了财务共享服务中心。财务共享模式能够为企业带来规模效应、知识集中效应、扩展效应和聚焦效应，实现企业会计核算处理的集中化运作，整合企业内部的知识资源，提高企业财务模式的扩展和复制能力，将企业财务管理人员从琐碎的财务数据处理中解放出来，专注于企业的核心业务。另外，财务共享模式的集约式管理能够提高数据处理的屏蔽性和安全性，控制企业财务风险，降低生产管理成本，提高经营效率，提升企业财务决策支持能力，优化企业的财务管理模式。

有了大数据的基础，精益财务分析就有了充分的发挥空间。比如说库存周转率，之前每月 10 日前做一次分大类的上月库存周转分析，但这种分析方法既粗放又滞后，对管理的改善相当有限，使财务分析失去了意义。

就库存周转率来说，当已有细致每一天、每一种物料、每一次进出库、每一个批次的数据时，系统就可以结合次日的生产计划计算出即时的、细到每一个库存量单位的存货周转率。这种大数据基础之上的精益财务分析赋予了数据新的实在意义，并实际突破了学术上的库存周转率的限制。传统的用月度平均库存来算库存周转，是因为当时的数据基础和计算条件所限，大数据时代，财务分析的方式与方法也要与时俱进。

第三节　提升大数据时代的财务战略管理水平

一、合理利用数据

大数据并不是万能的，在企业管理中，数据只能作为参考或者作为指向性的方针。其并不能解决企业任何方面的问题，尤其在当前条件下，基础数据的真实程度十分低，如果说在数据处理的过程中错用了这些数据，那么得出的结论往往有所偏差，企业如果盲目地相信这些数据，那么所造成的后果会十分严重，所以企业的运营管理还是需要结合自身发展经验和当前的社会现实的。大数据并不是万能钥匙，迷信盲从的结果往往是自毁前程，企业应合理利用大数据，同时更加需要智慧。

二、注重防范危机

大数据不仅仅影响着人们的日常生活同时也影响着企业的各项决策，企业对数据的依赖程度越来越高，对数据的处理技术也越来越成熟，现实的情况却是由于对数据的过分使用，导致企业在主观判断上失去了方向，造成很多企业出现决策失误的现象。这种现象的出现是由当前数据资源的现状所造成的，在这个信息大爆炸的时代，各种信息数据种类繁多、数量庞大，对这些数据进行严格筛选、提炼并通过各种精确的算法得出结论却是十分困难的。在当前的条件下，对社会上的数据资源进行筛选是一件十分困难的事情，何谈科学处理计算这些数据呢？原始数据出现失误，那么结果自然不会正确。同时在对大数据的处理上，主观色彩十分严重，对同一条数据有的人抱着乐观的心态，有的人却抱着悲观的心态去看，那么这样分析得出的结果自然是大相径庭的。因此，企业对大数据的判断需要更加理性，同时需要时刻注意对大数据危机的防范。

三、以企业实际需求为出发点

由于大数据的利用需要大量的硬件设施投入和人力成本，所以在企业管理中，利用大数据的时候需要做一个全面的把控，结合自身的实际制定适合自己的大数据框架体系。就国内目前对大数据使用的现状来看，我国商业智能、政府管理以及公共服务方面是大数据利用最多，同时也是贡献最多的领域，而企业需要结合自身的实际去使用大数据。从投入成本来看，大部分企业没有足够的能力来使用大数据进行企业管理变革，企业方不要一味地去追求建立自己内部的数据系统，可以考虑用其他的方式来解决，如将自己的企业数据外包出去。

第五章　新时代背景下大数据企业投资决策的优化

大数据技术的发展为投资决策提供了应对数据和信息瞬息变化的定量分析方法，为企业投资决策提供更加真实有效的决策依据，以提高企业战略决策质量。一方面，大数据提供企业战略决策的翔实数据。企业投资决策的正确与否直接关系着企业的兴衰。这就要求决策者不仅要熟悉企业内部发展实际，还必须拥有大量的来自企业外部的数据资源，并需要对各类数据、信息进行收集、整理。而大数据可以为战略决策者提供丰富的数据来源，与传统的决策相比，大数据决策不再依赖于决策者的经验，也不会担心数据稀缺，丰富的数据来源和数据获取渠道能够保证企业战略决策的真实可靠。另一方面，大数据升级企业投资决策的分析方法。现代企业对数据的依赖性越来越强，基于大数据的定量分析方法在企业投资决策中的重要性不断凸显，逐渐取代原先的凭借直觉和经验做出判断的定性分析方法。

第一节　获取投资决策信息

一、企业投资决策流程及情报需求特点

大数据给企业投资决策竞争情报搜集、分析和利用带来了深刻的变革，竞争情报咨询机构和企业必须要积极面对大数据的机遇和挑战。大数据提供了一个全新的信息生态环境和竞争舞台，只有充分研究大数据特点，不断创新竞争情报分析方法，才能将大数据转化为大智慧。企业对投资的必要性、投资目标、投资规模、投资方向、投资结构、投资成本与收益等重大问题所进行的决策行为，将越来越依赖于大数据情报的分析利用。大数据将作为企业重要的资产，受到越来越多的重视，但是大数据就像一把双刃剑带来全新机遇的同时也给企业带来了诸多挑战。

投资决策是企业参与竞争的一项关键竞争力，通过成功的投资决策可以使企业领先竞争对手建设新的项目，抢占市场制高点。大数据时代，企业这种投资决策竞争力归根到底

是数据分析提炼能力和情报分析利用能力。企业投资决策是企业经营生产过程中的重大事件，是企业对某一项目（包括有形资产、无形资产、技术、经营权等）投资前进行的分析、研究和方案选择。一般来讲，企业投资决策周期可以分为投资机会研究、初步可行性研究、项目建议书、项目可行性研究、项目评估及最终决策共六个阶段。每个阶段研究的内容侧重点有所不同，对竞争情报需求也有所差异。可以看出，企业投资决策整个流程的每个阶段都需要大量情报作为支持，投资决策因其具有前瞻性和可行性，因此需要精准情报作为决策依据。大数据时代的到来，使得可利用的数据资源空前巨大，可获取的渠道也更加多样，这将从根本上改变企业投资决策情报的获取、处理及利用方式。

二、大数据给企业投资决策带来的机遇与挑战

大数据为企业获取精准情报提供了沃土。投资决策失误是企业最大的失误，一个重大的投资决策失误往往会使一家企业陷入困境，甚至破产。要避免投资决策的失误，精准的情报支持是必不可少的。大数据的特点之一就是体量巨大，为竞争情报分析提供了空前宽阔的空间。庞大的来源渠道、多样化的数据更具有统计分析和相互验证意义，更能为各种投资分析模型提供支持。过去企业投资决策往往苦于数据的缺乏和搜集渠道的单一而只能凭借"相对准确"的数据作为投资参考。大数据时代企业则完全可以通过科学的情报分析方法对产品市场数据、竞争对手上下游数据、项目财务数据等海量数据进行处理、组织和解释，并转化为可利用的精准情报。

大数据使投资决策情报更加细化、更有价值。企业投资决策需要的情报种类可以分为政策类情报、市场类情报、竞争对手情报、财务类情报、技术类情报等。大数据整合了各种类型的数据，包括用户数据、经销商数据、交易数据、上下游数据、交互数据、线上数据、线下数据等，这些数据经过加工处理，可以帮助和指导企业投资决策流程的任何一个环节，并帮助企业做出最明智的决策。大数据对传统的情报进行了更具价值的延伸，特别是随着移动互联网的兴起以及以智能手机、平板电脑为主的智能终端的普及，产生大数据的领域越来越多，数据类也从传统的文字、图片发展到动画、音频、视频、位置信息、链接信息、二维码信息等新类型的数据。

大数据为企业提高投资决策竞争力提供了新的舞台。投资决策是企业所有决策中最重要的决策，因此投资决策是企业参与竞争的一项关键竞争力。大数据中隐含了许多"金子"，然而"金子"却不是现成的，需要通过一定方法和工具才能从中"淘"出来。谁掌握最先进的"淘金"方法和工具，谁就能把握先机，从而获得竞争优势，而落后者可能面临被淘汰的危险，可以说大数据为企业提供了一个全新的竞争舞台。

大数据时代企业内外部情报环境空前复杂，数据来源的多元化、数据类型的多样化、数据增长更新的动态化都考验着企业数据情报搜集分析能力。首先，大数据处理专业人才缺乏。一个合格的大数据专业人才要具备以下条件：深入了解企业内部资源禀赋及发展战

略、项目投资决策涉及的经济和产业分析方法、具备数据探勘统计应用知识并熟悉数据分析工具操作。只有这样的专业人才才能激活大数据的价值，重新建构数据之间的关系，并赋予新的意义，进而转换成投资决策所需的竞争情报。其次，面临重新整合企业竞争情报组织模式的挑战。企业以往的竞争情报大部分都是由企业自有情报分析部门与独立第三方情报咨询机构共同完成，彼此分工明确，合作模式单一。大数据时代对数据反应速度的要求，对现有合作模式带来巨大挑战。最后，现有竞争情报分析方法不能适应大数据时代的要求。现有竞争情报分析方法大多是基于静态、结构化数据基础之上的。而大数据明显的特征就是分布式、非结构、动态性，因此，企业必须在数据的处理量、数据类型、处理速度和方式方法上进行创新。

三、大数据时代企业投资决策竞争情报服务发展方向

1. 创新情报搜集研究方法

大数据产生价值的实质性环节就是信息分析，针对大数据所具有的全新特征，传统的竞争情报研究应该从单一领域情报研究转向全领域情报研究，综合利用多种数据源，注重新型信息资源的分析，强调情报研究的严谨性和情报研究的智能化。以市场情报为例，大数据时代下应该从以前单纯对本项目产品市场调查扩展到替代产品、同类产品，更多增加对分散的动态竞争情报的分析，如竞争对手经销商、消费者需求变化；更多增加预测性情报分析，如未来5—10年市场规模、投资回报、价格走势等，大数据使得情报分析精准性大大提升；增加不同类型情报间的关联分析，如微博信息（数据、位置信息、视频等）与历史数据建立相关性分析等。

2. 创新服务方式

我国移动互联网的发展已经超过传统互联网，智能手机和平板电脑日益普及，企业投资决策一般都是以团队的形式运行，在移动互联网时代，大数据情报搜集分析特别是服务可以采用跨平台连续推送，对于零散的动态数据则采用协作云端平台随时共享。在企业投资决策过程中，需要企业内部情报与外部情报的有机融合，大数据时代竞争情报服务应搭建以云计算为基础，通过"非结构数据＋创新工具方法＋专家智慧"搭配格局的服务方式。

3. 与企业共同培养大数据专业分析人才

庞大的数据和短缺的人才，造成了一个巨大的鸿沟，阻碍着企业开发和利用数据蕴含的价值。人才的培养不能单靠一方完成，通过与企业组建大数据竞争情报分析团队的形式，产业经济学专业、投资专业、金融专业、统计专业、情报学专业各种专业背景的研究员通过彼此专业技能的渗透，各自形成既具有某一方面优势，又具有复合能力的大数据分析人才。

第二节　投资框架构建

一、投资准备阶段的主要工作

在大数据环境下，数据作为企业最具价值的资产之一，数据质量与企业的决策投资之间存在着直接联系。高质量的数据可以使企业的投资决策更加科学、高效。在企业的投资决策过程中，数据的完整性、及时性、可靠性等质量特征对企业投资决策的数据收集和准备阶段、制定和评估阶段、监控和调整阶段都有着重要的影响。基于企业的投资决策流程，以数据为主线，在分析各个阶段对应数据源、数据质量特征、数据类型的基础上，构建大数据环境下考虑数据质量特征的企业投资决策框架。

搞好前期市场预测在投资项目前期准备管理中格外重要，有利于发现作为建设项目存在条件的现实和潜在的需要市场机会，从而使之转化为满足具体需求载体的产品或项目；有利于减少与避免因重复建设等非真实市场需求而产生的、不能在未来长时间内支撑项目生产与运营条件要求的虚假投资需求。准备阶段主要涉及数据的收集。首先，要确定投资目标，这是投资决策的前提，也是企业想要达到怎样的投资收益，这个过程需要企业根据自身的条件以及资源状况等数据来确定。其次，要选择投资方向，一方面需要根据企业内部的历史数据，另一方面还要结合市场环境状况等外部因素进行筛选，进而确定投资方向。在市场调查与预测基础上，根据项目及其载体形式，对有关产品的竞争能力、市场规模、位置、性质和特点等要素进行前期市场分析，做出有关"项目产品是否有市场需求"的专业判断，它官方版本是一种分析技术，其基本内容是做好国内外市场近期需求情况的调查和国内现有产能的估计，并做销售预测、价格分析、产品的竞争能力、进入国际市场的前景等分析。其中，除应明了市场容量的现状与前景外，还应预测可替代产品及由此可能引起的市场扩大情况，了解该项目现存或潜在的替代产品可能造成的影响；调查市场供求情况的长期发展趋势和目前市场与项目投产时市场的饱和情况，以及本项目产品可能达到的市场占有率。

二、制定投资方案阶段的主要工作

制定和评估阶段主要涉及根据可行性制定投资方案并进行方案评估的相关数据。可行性分析主要涉及与风险相关的概率分布、期望报酬率、标准离差、标准离差率、风险报酬率等数据，要确保风险在企业可承受的范围内才说明此投资是可行的。方案评估主要涉及现金流量、各类评价指标，以及资本限额等数据。现金流量可采用非贴现现金流量指标或者贴现现金流量指标数据来衡量。投资回收期、平均报酬率、平均会计报酬率、净现值、内含报酬率、获利指数、贴现投资回收期等各类指标涉及的数据对投资决策的评估起着重要作用。这些数据的来源涉及多个利益相关者，同时来源渠道也比较广泛，多为非结构化数据且各类数据之间标准不统一，难以兼容。

三、投资实施阶段的主要工作

在监控和调整阶段主要考虑企业实际的现金流量、收益与预期之间的比较，以及企业实际承受能力是否在可控范围内。如果相差较大致企业不可控，就需要及时查找出引起差异的原因，对相关数据进行分析处理并调整投资决策方案。目前，项目基础资料存在以下两个问题。

一是收集困难。公司基础资料主要来源于施工项目部，尤其是纸质资料，平时按照来源地在公司、分公司、项目部分级保管，项目部资料一般在项目结束后归档到公司总部。

二是项目基础资料结构化数据率低。即使是信息化技术应用程度最高的财务部门，也过滤掉了原始凭证中大量非结构化数据信息（如市场情况、环境、事件、时间等），无法将其提取转化为结构化数据。其他部门有关经营活动和财务活动等相关资料结构化数据率则更低。研究表明，日常工作中产生的非结构化数据约占整体数据量的80%。因此，大数据时代使得企业的整个投资决策流程都是基于云会计平台获取各种数据，然后通过大数据相关技术对各类结构化、半结构化、非结构化数据进行分析处理并存储于企业的数据中心等，这种处理模式可以在很大程度上提高企业整个投资决策过程中数据的完整性、及时性和可靠性，满足企业投资决策对数据的高质量要求。

第三节　投资项目管理的强化

一、大数据挖掘与工程项目管理交互分析

工程项目管理是一种以工程项目为对象的系统管理方法，通过对工程项目的全过程动态管理来实现整体目标。鉴于工程项目的系统性、动态性以及时代要求，大数据技术的出现为工程项目管理带来了新的发展方向，将大大提升工程项目管理各环节和整体的信息处理效率，为项目决策提供有效的信息参考，进而实现项目效益增值。大数据时代背景下，传统的工程项目管理已经不能适应科学管理的要求，而数据挖掘这一技术手段为工程项目管理提供了新的提升路径。从大数据背景出发，结合工程项目管理的困境，可构建大数据挖掘的管理层次和制度结构，以及大数据挖掘项目组解决方法。我国工程项目管理也呈现

出数据多元化、动态化以及信息化管理等发展趋势。一方面，在传统行业中，工程行业是数据量最大、项目规模最大的行业，参与主体多、覆盖地域范围广、耗费时间长、影响因素多等特征决定了工程项目的信息管理具有多元性。信息数据的多元性体现在工程管理的各个环节。另一方面，工程项目管理采取全周期管理模式，时间周期长，各种信息流在动态的时间流中持续分布。因此，工程项目的信息化管理是大势所趋。

大数据的出现将为工程项目的科技信息管理创造新的发展契机，为工程项目的效率管理、质量管理、风险管理等创造优化路径。大数据挖掘有助于提升工程项目管理效率，由于项目的系统性和复杂性，工程项目管理效率普遍低下，而大数据挖掘技术凭借先进的技术手段提高了数据管理效率。以工程项目管理的绩效评估为例，绩效评估常常出现指标过多、评价成本过高等问题，大数据挖掘为解决这一问题带来了新方法。在工程项目管理中引入大数据挖掘技术，可以从庞大的数据库中找到最符合项目要求的绩效指标即关键绩效指标，这将减少工程项目管理的工作量，提高绩效管理效率。

大数据挖掘为工程项目管理的全面风险管理提升了新思路。在工程行业中，庞大复杂的数据中隐藏着各种风险，会给项目乃至企业长期发展带来隐患。大数据管理中，数据仓库不仅能及时收集现有和历史数据，还能对各个孤立存在的数据进行初步处理和转换，形成相互联系的统一数据集，为项目中各数据使用者提供一个透明的信息平台，减少信息流通中虚假信息和交流障碍等因素带来的风险。

二、大数据时代背景下工程项目管理困境

随着需求多元化的发展，生产贴合市场个性化需求的工程产品面临新的挑战。工程设计和评估过程中由于存在固有的刚性和惯性，使得很难实现与市场需求的高度贴合。在大数据背景下，市场需求不断转化为各类数据，如果不能对这些数据做及时、科学的处理，就可能造成如下困境：一是由于对数据的不完全解读，使得工程设计和评估与市场不完全贴合，即最后产出的产品不能最佳地满足市场需要；二是由于对数据的误判，使得工程的设计和评估完全偏离市场需要，即最终产品不能为市场所接受。由此可见，市场需求的多元化使得数据呈爆炸式增长，而工程项目管理极易在众多数据中迷失方向，从而陷入困境。

经济环境的快速变化给工程项目管理带来了诸多不确定性，使得工程项目管理时刻面临风险。技术更新频率加快，社会经济环境突变的可能性也随之增加，这对保障工程项目的进度、成本、质量、安全都带来了巨大挑战。例如，工程规模不断增大，所需资金量也随之增加，这必然产生海量的成本数据和资金数据，传统的工程预决算管理模式根本无法适应大工程项目建设，极容易影响工程进度和成本控制。再如，工程规模的增大必然导致工程项目基础数据的巨量膨胀，传统的施工管理模式不仅容易造成安全隐患，而且无法保证工程整体质量。

三、大数据挖掘对工程项目管理优化路径

（一）构建大数据挖掘的管理层次和制度结构

首先，按照集中控制和分层管理的思路，确立项目公司作为数据收集者、集团公司作为数据决策者的回路模式。以数据为控制载体，项目公司按照集团公司的数据要求及时准确地采集数据，集团公司以总体数据为依据进行进度、成本、质量、安全方面的分析和决策。这里的总体数据不仅包括项目公司采集的内部数据，还需要集团公司采录外部数据，以保证数据完整性。其次，按照数据集中、业务集中、管理集中、控制集中的原则，建立数据处理中心及业务审批、项目施工、公司决策层数据沟通制度。项目部与施工现场人员业务往来形成的各类数据，由项目部整理和识别后录入信息系统中心，数据处理中心对总体数据进行挖掘处理后向公司决策层提供分析和辅助决策支持，各职能部门可以随时调用项目数据进行管理，项目部根据数据指标及其提示进行施工作业和相关管理。

（二）构建大数据挖掘项目组，解决项目管理中的主要问题

构建大数据挖掘项目组的目的是保证在一定资源约束的前提下，使工程项目以尽可能快的速度、尽可能低的成本达到最好的质量效果。

1. 建立工期进度数据挖掘项目组

整合资金数据、供应商数据、工程计划数据、施工基础数据等，通过数据挖掘建立相应的控制体系，以保证工期进度有效推进。

2. 建立工程质量数据挖掘项目组

整合施工基础数据、质量检测数据、物流仓储数据、工期进度数据等，通过数据挖掘建立相应的控制体系，避免因物料管理不规范、阶段验收和隐蔽工程验收不规范、计划安排不科学导致的盲目抢工期，以及设计本身缺陷导致的质量失控等问题。

3. 建立成本控制数据挖掘项目组

整合物料数据、成本核算数据、质量控制数据、工程进度数据、资金数据等，通过数据挖掘建立相应的控制体系，避免工期拖延、质量控制不当等问题。

四、应用大数据管理项目的案例

DRP建筑公司属于施工企业，是美国加州旧金山分校医学中心价值15亿美元的建筑合同的总包商。该建筑是世界首个完全基于大数据模型建设的医学中心建筑。DPR使用了Autodesk公司的三维技术，设计师们能整合空气流动、建筑朝向、楼板空间、环境适应性、建筑性能等多种数据，形成一个虚拟模型，各种数据和信息可以在这个模型中实时互动。

建筑师、设计师和施工队伍通过这个模型可以在接近真实的完整的运营环境里，以可视化的方式观察数以百万计的数据标记。大数据技术在 DRP 建筑公司的应用表明，通过形成建筑物虚拟模型，使建筑物从设计到施工的各项数据和信息实时互动。这不仅解决了项目成本费用开支、经营成果核算基础资料不准确的问题，而且基于详细的数据，企业对同类施工产品进行对比分析，使企业可以做到基于事实和数据进行决策。

第四节　集群融资方式的创新

筹资的数量和筹资的质量是企业首先要关注的两个基本因素，也是最重要的方面。企业应在保证资金数量充足的同时，也要保证资金来源的稳定和持续，同时尽可能地降低资金筹集的成本。到这一环节降低筹资成本和控制筹资风险成为主要任务。根据总的企业发展战略，合理拓展融资渠道、提供最佳的资金进行资源配置、综合计算筹资方式的最佳搭配组合是这一战略的终极目标。随着互联网经营的深入，企业的财务资源配置都倾向于"轻资产模式"。轻资产模式的主要特征有：大幅度减少固定资产和存货方面的财务投资，以内源融资或 OPM（用供应商的资金经营获利）为主，很少依赖银行贷款等间接融资，奉行无股利或低股利分红，时常保持较充裕的现金储备。轻资产模式使企业的财务融资逐步实现"去杠杆化生存"，逐渐摆脱商业银行总是基于"重资产"的财务报表与抵押资产的信贷审核方法。

在互联网经营的时代，由于企业经营透明度的不断提高，按照传统财务理论强调适当提高财务杠杆以增加股东价值的财务思维越来越不合时宜。另外，传统财务管理割裂了企业内融资、投资、业务经营等活动，或者说企业融资的目的仅是满足企业投资与业务经营的需要，控制财务结构的风险也是局限于资本结构本身来思考。

互联网时代使得企业的融资与业务经营全面整合，业务经营本身就隐含着财务融资。大数据与金融行业的结合产生了互联网金融这一产业，从中小企业角度而言，其匹配资金供需效率要远远高于传统金融机构。以阿里金融为例，阿里客户的信用状况、产品质量、投诉情况等数据都在阿里系统中，阿里金融根据阿里平台的大数据与云计算，可以对客户进行风险评级以及违约概率的计算，为优质的小微客户提供信贷服务。

集群供应网络是指各种资源供应链为满足相应主体运行而形成的相互交错、错综复杂的集群网络结构。随着供应链内部技术扩散和运营模式被复制，各条供应链相对独立的局面被打破，供应链为吸收资金、技术、信息以确保市场地位，将在特定产业领域、地理上与相互联系的行为主体（主要是金融机构、政府、研究机构、中介机构等）建立一种稳定、正式或非正式的协作关系。集群供应网络融资就是基于集群供应网络关系，多主体建立集团或联盟，合力解决融资难问题的一种融资创新模式。其主要方式有集合债券、集群担保融资、团体贷款和股权联结等，这些方式的资金主要来源于企业外部。大数据可以有效地为风险评估、风险监控等提供信息支持，同时通过对海量的物流、商流、信息流、资金流数据地挖掘分析，人们能够成功找到大量融资互补匹配单位，通过供应链金融、担保、互保等方式重新进行信用分配，并产生信用增级，从而降低融资风险。

从本质上讲大数据与集群融资为融资企业提供了信用附加，该过程是将集群内非正式（无合约约束）或正式（有合约约束）资本转化为商业信用，然后进一步转化成银行信用甚至国家信用的过程。

大数据中蕴含的海量软信息打破了金融行业赖以生存的信息不对称格局，传统金融发展格局很可能被打破。如英国一家叫 Wonga 的商务网站就利用海量的数据挖掘算法来做信贷。它运用社交媒体和其他网络工具大量挖掘客户碎片信息，然后关联、交叉信用分析，预测违约风险，将外部协同环境有效地转化成为金融资本。

在国内，阿里巴巴将大数据充分利用于小微企业和创业者的金融服务上，依托淘宝、天猫平台汇集的商流、信息流、资金流等一手信息开展征信，而不再依靠传统客户经理搜寻各种第三方资料所做的转述性评审，实现的是一种场景性评审。

阿里巴巴运用互联网化、批量化、海量化的大数据来做金融服务，颠覆了传统金融以资金为核心的经营模式，且在效率、真实性、参考价值方面比传统金融机构更高。大数据主要为征信及贷后监控提供了一种有效的解决途径，使原来信用可得性差的高效益业务（如高科技小微贷）的征信成本及效率发生了重大变化。但是，金融业作为高度成熟且高风险的行业，有限的成本及效率变化似乎还不足以取得上述颠覆性的成绩。

传统一对一的融资受企业内部资本的约束，企业虽然有着大量外部协同资本，但由于外部信息不对称关系，这部分资本无法被识别而被忽略，导致了如科技型中小企业融资难等问题。通过大数据的"在线"及"动态监测"，企业处于集群供应网络中的大量协同环境资本将可识别，可以有效地监测并转化成企业金融资本。

阿里巴巴、全球网等金融创新正在基于一种集群协同环境的大数据金融资本挖掘与识别的过程，这实际上是构建了一种全新的集群融资创新格局。集群式企业关系是企业资本高效运作的体现，大数据发展下的集群融资创新让群内企业有了更丰富的金融资源保障，并继续激发产业集群强大的生命力和活力，这是一种独特的金融资本协同创新环境。根据大数据来源与使用过程，大数据发展下集群融资可以总结为三种基本模式，分别是"自组织型"大数据集群融资模式、"链主约束型"大数据集群融资模式，以及"多核协作型"的大数据集群融资模式。阿里巴巴、Lending Club 代表的是"自组织型"模式；平安银行大力发展的大数据"供应链金融"体现的是"链主约束"模式；而由众多金融机构相互外包的开放式征信"全球网"，正好是"多核协作"模式的代表。

第六章 新时代背景下大数据对会计工作的影响及专业人才培养

第一节 大数据时代对会计基本认识的影响

一、大数据时代对会计世界认知方式的影响

人类活动纷繁复杂、多种多样，但人类活动过程、活动结果以及活动中存在的各种关系都会留下痕迹，这些痕迹可以通过新技术的应用以数据的形式进行记录，在记录的过程中就产生了相应的结构化或非结构化数据。业界通常用4个V（Volume、Variety、Value、Velocity）来概括大数据区别于传统数据的显著特征，这4个显著特征向人们传递了多样、关联、动态、开放、平等的新思维，这种新思维正在渗透到我们的生产、生活、教育、思维等诸多领域，逐渐改变人类认识、理解世界的思维方式。一些大数据学者把大数据提到世界本质的高度，认为世界万物皆可被数据化，一切关系皆可用数据来表征，如黄欣荣（2014）认为随着大数据时代的来临，数据从作为事物及其关系的表征走向了主体地位，即数据被赋予了世界本体的意义，成为一个独立的客观数据世界；田涛（2012）认为未来生产力的3大要素是人力、资本和数据，大数据已经成为与自然资源、人力资源同等重要的战略资源。在大数据时代，该种新思维认为全体优于部分、杂多优于单一、相关优于因果，从而使人类的思维方式由还原性思维走向了整体性思维。

此外，通过对经济活动的数据化，并对该数据进行分析，能够实现对某一事物定性分析与定量分析的统一，能够促使对那些曾经难于数据化的人文社会科学领域开展定量研究。从目前的研究来看，无论是规范研究还是实证研究，基本上都是通过寻找事物之间的因果关系来解释或揭示某一规律或现象，会计更是如此。会计更是通过强调经济活动之间以及会计数据之间的因果关系来保证经济业务以及会计数据的客观性、真实性与可靠性。由于信息传递的弱化规律的客观存在，通常来说，人们无法对超过一定层级关系的因果关系链条以及本就不明显的因果关系做出准确判断与分析，如报表数据与原始凭证之间由于经过了几次的数据加工，报表数据只能反映企业最终的整体情况，却很难推导或还原出当时的原始凭证的实际情况；同时，因果关系只能做单向的逻辑推导，即"因—果"，而不能是

"果—因"，因为"因—果"是确定的、唯一的，而"果—因"则是不确定的，有多种可能性。在会计大数据时代，人们可以利用数据量的优势，通过数据挖掘从海量会计数据的随机变化中寻找蕴藏在变量之间的相关性，从而在看似没有因果关系或者因果关系很弱的两个事物之间找到它们既定的数据规律，并通过其中的数据规律以及数据之间的相关关系来解释过去、预测未来，并可以做到因果的双向分析，从而补充了传统会计中的单一因果分析方法的不足。由此可见，大数据将会改变人们对客观世界，乃至会计世界的认知方式。

二、大数据时代对会计数据的影响

会计是以货币为主要计量单位，以凭证为主要依据，借助专门的技术方法，对一定单位的资金运动进行全面、综合、连续、系统的核算与监督，向有关方面提供会计信息、参与经营管理，旨在提高经济效益的一种经济管理活动。简单来讲，会计是通过对数据，尤其是会计数据的确认、计量、报告与分析，帮助企业的管理者来管理企业，并向外部利益相关者提供会计信息的一种管理活动。

目前的会计数据包括各种各样的数据，可以归纳为三类：1.用来进行定量描述的数据，如日期、时间、数量、重量、金额等；2.用来进行定性描述的数据，如质量、颜色、好坏、型号、技术等；3.不能单独用来表示一定意义的不完整、非结构化、碎片化的数据。目前对会计数据的处理还仅仅局限在第一种定量描述的数据的处理，尤其是那些能够以货币来进行计量的经济活动所表现的会计数据，因为这种数据既能比较方便地进行价值的转换与判断，又能很直观地还原出企业的生产经营过程，从而使利益相关者可以通过会计数据信息了解企业生产经营过程以及生产经营结果。定性描述的数据与定量描述的数据相比，存在一个很大的缺陷，那就是定性数据只能大概推断出企业生产经营过程，而不能还原出企业的生产经营活动过程，比如，这个产品质量好，只能推断出企业经营过程良好，至于在哪个生产步骤良好，这个企业的良好和别的企业的良好一样还是不一样，我们就难以知晓。所以，定量数据的过程和结果能够互为因果推断，而定性数据只能达到经营过程是因、经营结果是果的推断。对于第三种不完整、非结构化、碎片化的会计数据以因果关系的推断来看，存在更为严重的问题，因为不完整、非结构化以及碎片化的特征，该类数据会导致因果关系推断的障碍，该类数据无法推断出经营结果，经营结果也无法还原经营过程。从目前会计数据的使用情况来看，定量描述的数据经常使用，定性描述数据较少使用，非结构化、碎片化数据基本没有使用；从企业的整个会计数据的作用来看，定量描述数据的作用固然重要，尤其是金额数据，但是定性描述数据以及非结构化、碎片的数据也很重要，会对会计信息使用者产生重要的影响，甚至也会影响会计信息使用者的决策，比如，好的商品质量能扩大企业的知名度，会给企业带来巨大的商誉，进而给企业带来超额利润。由于定性描述数据以及非结构化、碎片化数据的内在缺陷，这些数据的作用目前还无法发挥出来，也阻碍了会计理论与会计实务的发展。

　　随着互联网、物联网、传感技术等新技术的应用，不仅实现了人、机、物的互联互通，而且建立了人、机、物三者之间智能化、自动化的"交互与协同"关系，这些关系产生了海量的人、机、物三者的独立数据与相互关联数据，目前那些难以用货币来计量的经济活动，其实都可以通过以上新技术来进行记录，记录过程中相应的会产生大量的数据，这些数据不仅有数字等结构化数据，还有规模巨大的如声音、图像等非结构化、碎片数据。随着大数据时代的到来，定性描述数据以及非结构化、碎片化的数据，尤其是非结构化、碎片化数据的增长速度将远远超过定量描述数据的增长速度，非结构化、碎片化数据以及定性描述数据将会成为会计数据的主导。虽然定性描述数据以及非结构化、碎片数据存在内在的缺陷，但是在大数据时代，却可以使用大数据挖掘技术发挥出该类型数据的会计作用。虽然这些数据不能完整、全面、清晰地推导与反映企业的经营结果和经营过程，但是大量的这些数据放在一起，却能够利用它们之间存在的相关关系推导与反映出企业的经营过程与经营结果，比如，你把一个生产步骤细分为成千上万个步骤或者最大限度地细分步骤，一个细分步骤不能表示什么含义，但是把大量的细分步骤组合到一起同样能够构成一个完整的步骤，那么就能达到定量描述会计数据的相应功能。在传统的会计理论中，使用的会计数据基本上都属于定量描述数据，主要的原因有两个：一是定性描述的数据不能准确地以货币来计量；二是数据量小的时候，利用数据的相关性关系远不能达到因果关系推导出来的结果那样准确、那样令人信服，原因在于数据量小的时候，利用相关关系推导出来的结果随机性较大。传统会计选择那些定量描述性的数据作为会计数据，实际上是时代的局限性决定的。随着互联网、云技术、大数据挖掘等新技术的使用，非结构化、碎片化数据急剧增加，非结构化、碎片化数据真正成了大数据，这些数据已成为企业的重要资源，将会影响企业的可持续发展。从统计学角度来看，非结构化、碎片化的会计数据摆脱了小数据的必须使用因果关系分析的内在局限性，利用相关关系的数据分析可以达到因果关系的数据分析的同样效果，从而为非结构化、碎片化数据应用于会计提供了可行的理论基础与技术支持。因此，在大数据时代，这些定性描述的数据以及非结构化、碎片化的数据丰富了会计数据的种类，扩大了会计数据的来源渠道。在大数据时代，会计数据将由三部分构成：第一部分是定量描述性数据；第二部分是定性描述性数据；第三部分为非结构化、碎片化会计数据。目前的会计数据实际上是直线型的数据，大数据时代的会计数据将变得更加立体化，有可能出现三维或者多维形式的会计数据。

第二节　大数据时代对财务会计的影响

一、大数据时代财务会计工作需要达到的标准

财务会计工作需要达到的标准是在已有的基础上进一步的改革和创新，让更多的数据能够被财务会计工作者完整地处理，只有这样，才可以很好地保证整个企业的经济收益。在大数据时代来临的时候，各个企业都需要通过提升财务会计工作效率来保证企业的收益，也就是说，大数据时代就是要求财务会计工作能够与时俱进，而不是停滞不前、利用最传统的方式进行财务会计工作，总而言之，需要进行的创新工作是比较彻底的。

（一）在财务会计工作中应更多的积累各种应用数据材料

大数据时代的到来给财务会计工作带来了极大的便利，也带来了很大的发展空间，只有保证整个企业的财务会计工作能够利用先进的信息技术进行各种数据的分析和处理，才可以有效保证企业的整体收益，让更多的数据材料在大数据信息技术的使用下得到相应的处理。

这种便利正是由于大数据时代将数据信息化，确保财务会计工作的完成效率更加高效。提升企业的财务会计管理工作有助于提升企业的市场竞争力，所以，要确保财务会计工作中积累的大量数据材料能够利用大数据的特性进行高效作业。

（二）在财务会计工作中应对非结构化数据进行价值提取

对于企业数据的处理，财务会计主要是对结构化数据进行系统化的处理，利用这种处理方式是目前比较流行的。然而，随着时代的进步，计算机技术可以有效提升结构数据的处理效率，可以很好地保证企业对整个财务会计的处理方式进行严格的管理。随着大数据时代的到来，使用计算机技术对非结构化数据进行管理和处理已经越来越熟练，还能够在规定的时间内有效完成相应数据的处理工作。

（三）会计使用者的需求应进行不断的创新

由于大数据时代的要求就是不断地更新改革，所以为了保证财务会计的工作者能够更加完善地完成数据的处理，就应该将财务会计的工作目标从原始的经济管理型转移到决策管理型，只有这样，才能在企业的许多方面占领优势，企业的财务会计管理工作才变得至关重要。随着市场竞争越来越激烈，想要将企业的利益最大化，就需要运用大数据时代所

带来的新技术和新方式进行数据的处理，目前，云计算方式不仅可以很好地保证信息容量的增大不会给财务会计工作增加困难，还能够符合使用者的多元化要求，可以说是新时代进步的一大优势。

二、大数据时代对财务会计的具体影响

（一）对会计信息来源的影响

如前述所言，大数据所带来的，不仅有结构性数据，同时还伴有非结构性数据，且非结构性数据可能会更多。传统的会计信息，多来自结构性数据，且结构性数据更可被分析、利用，甚至是直接采纳。而大数据时代所带来的，更多的是非结构性数据，这也对会计信息来源产生了一定的影响。

一是非结构性数据越来越多，并广泛存在于会计信息中。非结构性数据与结构性数据的共同存在，这是大数据时代的标志之一，同时大数据技术也可实现将非结构性数据与结构性数据相结合，并加以分析，发现海量数据之间的相关关系，并通过定量的方式，来反映、分析、评判企业的经营发展。

二是强调海量数据之间的相关关系而非因果关系。在大数据背景下，所强调的是相关关系而并非传统意义上的因果关系。比如相关关系是指会发生什么，而因果关系是指为什么会发生。大数据往往通过相关关系来指出数据之间的关系。

三是传统会计分析强调的是准确、精准，而大数据时代强调的则是数据使用效果。传统会计分析认为，会计信息的精准性无比重要，同时也不接受舞弊造假信息或是非系统性错误。但大数据时代则更多的关注会计信息分析带来的效果，而对精准性没有那么高的要求，或者说，绝对的精准并非大数据时代所关注的。

传统会计信息体系中，由于缺乏海量的数据所支撑，因此任何一个所获取的数据信息，都对会计信息产生至关重要的影响，也就需要这些信息保证其真实性、可靠性，才不会导致会计信息的失真。所以，在小数据时代，人们会通过反复的检查与论证、各类测试性程序和分析复核程序，来减少、避免错误的发生，也会采用测试样本判断是否存在系统性偏差。尽管所获取的信息不多，但是论证这些信息所花费的时间成本、人工成本确实不容小觑。

在大数据时代，由于数据的繁多与复杂，因此人们不再过于担心某一数据出现的偏差会给会计信息质量带来致命的影响，也不需要通过耗费众多的成本来消除这些数据的不确定性。因此大数据时代所带来的效果，往往比传统会计信息的准确性更重要。

（二）大数据时代对会计资产计量的影响

由于大数据在会计行业中产生越来越多效应，并逐渐被广泛使用，因此就不得不考虑大数据对资产计量所带来的影响。

1. 初始计量成本

在传统的财务会计中，初始计量成本有历史成本和公允价值计量。公允价值有着不可比拟的优越性，能客观反映企业经济实质，为信息使用者提供更加及时、高度相关的决策信息；能够使收入与成本、费用切合实际，实现有效配比；更加有利于企业资本保全，同时符合资产负债观。公允价值计量得到的金额可以克服物价上涨等不利因素对会计信息质量的影响。但是公允价值的取得不可避免的存在缺乏可靠性、可操作性等问题，公允价值所强调的"公平交易"在现实中难以保证，所以这一计量属性的使用效果大打折扣。

在大数据时代的背景下，数据的积累和发布日益增多，在大量的数据面前，公允价值变得越来越透明，从整体上提高了公允价值的可获得性、可靠性、科学性，在一定程度上克服了主观判断等不利因素的影响。虽然我国的资本市场还很不完善，操作利润的现象层出不穷，以公允价值作为资产的初始计量属性会付出更高的代价，但是在一些必须使用公允价值作为计量属性的经济业务中，如金融资产、金融负债等的计量，要充分利用大数据时代所带来的极大便利，对资产的公允价值进行客观的、科学的测量，从而提高会计信息质量，同时有利于促进市场建立一个透明的、可靠的公平交易平台。

2. 计量单位

传统会计中的计量单位，通常采用"元"。但是在大数据时代，将来有可能出现非"元"为单位的计量单位，如时间、数量等。

第三节 大数据时代对管理会计的影响

一、大数据时代管理会计的作用日益凸显

管理会计作为财务会计的一个分支，其主要任务是通过向企业内部管理者提供及时有效的信息，辅助企业经营决策。具体来说，其职能包括预测企业未来的经营、财务状况以及现金流量等；帮助企业进行长短期经营决策；通过规划和预算，加强事前、事中控制；通过责任考核与业绩评价，加强事后控制，提升企业绩效与核心竞争力。大数据时代的到来，给管理会计上述职能的发挥提供了新的契机。

（一）提高企业预测能力，抓住商战先机

随着大数据时代的来临，移动互联网已经成为互联网的发展重心。据统计，截至2013年年底，中国手机网民规模达到5亿人，年增长率为19.1%。网民中使用手机上网的人群比例由2012年底的74.5%提升至81.0%，远高于其他设备上网的网民，手机已经不

再是传统意义上的用于打电话、发短信的通信工具，其在网络信息传递方面的作用更加强大。开通官方微博也逐渐成为企业加强管理与沟通的流行趋势。通过微博，企业可以随时发布产品、服务等信息，消费者也可以通过微博、朋友圈等随时随地分享自己对某种产品或服务的评价与态度。这些都使得信息的传递更加即时、快捷。

企业应充分利用这些通信工具，实时获得各种新的信息，进而利用管理会计预测的专门技术与方法，及时了解竞争对手的最新动向，了解和测度市场的变动及其趋势，进而快速地对竞争对手的举措做出反应，赢得市场先机。比如，有段时间韩剧《来自星星的你》风靡亚洲，剧中的男女主角"都教授"和"千颂伊"也受到韩剧迷们的狂热追捧和模仿。三星公司抓住良机，迅速邀请剧中炙手可热的男女一号为其新产品 Galaxy S5 拍摄一系列广告，在男女一号强大的明星效应和追星效应下，该款手机的知名度和销售量迅速攀升，帮助该款产品一举成为竞争激烈的手机市场中当之无愧的新王者。

（二）提高企业决策能力，提升企业核心竞争力

一直以来，除直销企业外，企业与客户之间很少有直接联系，这也使得企业难以取得有关客户需求的第一手资料，也难以针对客户的潜在需求及其变动，及时做出有针对性的企业决策。大数据时代，尤其是物联网的出现，令这种局面大为改观。

企业不仅能够更加精准、详细地获取顾客在各类网络活动中的数据，而且能够从以往被忽略的数据中挖掘出新的有价值的信息。比如，消费者对某款产品或商品进行了网上搜索，但最终可能并没有实际购买，以往此类数据可能会因为未形成实际购买力而被忽略，更不会被收集或分析。然而，大数据时代的企业却会对此类信息高度重视，他们往往会聘用专门的人员或机构，对顾客的网上搜索行为进行分析，如被搜索商品的类型、搜索条件、搜索次数、搜索时间等，并依据这些信息推测消费者的消费偏好、消费动向和潜在消费点，进而通过特殊的网络设置，在消费者再次访问该网站时自动向其推荐消费者可能感兴趣的本单位产品的信息。不仅如此，管理会计人员还可以依据这些信息，对其进行量化分析和理性逻辑思考，帮助企业明确本单位产品或商品的需求动向与未来发展，从而指引企业及时调整生产经营策略，提升企业核心竞争力。

二、大数据时代对管理会计的具体影响

管理会计的职能一般可分为三个方面：一是对初始成本的确定及后续成本的计量；二是为现时及未来的决策、规划提供会计数据支撑；三是为控制、评价管理提供准确的数据帮助。在大数据时代的冲击之下，管理会计的职能势必受到一些影响，也会产生一些变化。

（一）对初始成本的确定及后续成本的计量

在管理会计所提供的各类信息中，如何确定初始成本是核心。企业的经营活动，都离

不开成本的确认。同时，成本确认，也贯穿于企业预测、编制计划和预算等各环节中。因此如何对初始成本确定和后续成本计量，是大数据时代对管理会计的一大影响。

传统的成本确认和成本计量，其确认和计量的信息来自企业内部，但在大数据时代，就会使得这些信息发生了一些变化，同时这些内部信息对企业的需求也是不够的。外部信息可以为企业提供更为完整的决策依据，从宏观上外部信息提供了行业背景资料、企业所处行业的位置、竞争对手的信息和竞争定价策略、行业供应链的结构和变化趋势等等。

这些外部信息，就是企业内部各系统、各环节人员所不能提供也不能控制的，因此这些非结构化数据就需要大数据的挖掘和利用，将这些结构化数据与非结构化数据加以分析，确定其内部关联性和相关性。基于大数据挖掘的企业能够更为准确的确定成本和成本计量，也为企业的生产、经营、销售、管理等环节降低风险、提高管理水平和管理效率提供了有效的数据支撑。

（二）为决策和规划提供有利的会计数据支持

企业是自负盈亏的，因此在经营管理过程中，如何能够持续、稳定的增长是企业管理会计的主要职责。现在企业的管理会计，重点是以顾客为中心，通过提供多类别、有针对性的服务，提高企业核心竞争力，通过成本费用、利润、资金运作等方面，制定多种管理方案，而管理会计通过综合评价这些方案的优劣性，来择优选出适合企业发展需要的最佳方案。

诚然，不论是企业的短期经营目标还是长期经营目标，无论是短期战略还是中长期战略，如果没有海量的数据作为支持，就不可能得出全面、准确的决策。尤其是在越来越以数据为主的时代，对大数据的分析和挖掘，显得尤为重要。

企业经营决策的前提，是要有准确的预测，而预测的前提则是有准确的分析。分析就来自数据的支撑。传统的分析，基本上都来自企业内部，而企业内部信息已经远远不能满足分析预测，因此使得预测能力大打折扣。

譬如，以推广流量为例。一般情况下，企业会基于历史流量推广情况和推广渠道，得出流量推广的预测。但是由于推广渠道、推广手段的局限性，使得企业没能把受众群体的年龄层分布、客户使用习惯、人文地理的背景资料等因素加以整理和分析，这就使推广预测的准确性大打折扣。但是在大数据时代，这些因素都是可以整理、存储并加以分析、挖掘的。

第四节　大数据时代对审计工作的影响

一、大数据时代给审计带来的机遇

（一）将消除审计地点与时间的限制

传统的审计受审计地点与时间的限制很大。首先，是时间方面，在函证时，收到回函的时间具有不确定性；在对企业员工进行询问时，又受企业员工的上班时间所限制，使审计工作不能灵活自由地进行。其次，在地点方面，分公司与总公司位于不同的位置，以及与公司往来的客户位于很远的地方，都对审计工作造成了很大的限制。

然而，在大数据时代下，审计工作不再受时间与地点的限制。所有数据都可以通过云端记录，审计人员可以随时随地通过权限查看被审计单位的相关数据以及往来单位的交易记录，同时审计人员也可以扩大审计范围，在期中或者其他时间对被审计单位进行审计，从而也增加了审计的及时性。大数据时代下的审计，不仅节省了时间，同时也提高了审计的效率与审计质量。

（二）审计抽样方式的改变

在传统的审计模式下，审计抽样在条件和技术方面受很大限制，不可能收集和分析全部数据，其历史尚不足一百年。审计抽样本身也存在许多固有的缺陷，它的效果决定于随机性抽样。但是，实现抽样的绝对随机性非常困难，一旦抽样过程中存在任何偏见，分析结果就会相距甚远。

大数据时代下，数据具有全面性的特点，审计人员在审计时可以对数据进行跨行业、跨公司的收集，从而实现审计模式从抽样模式向总体模式的转变。在大数据环境下，总体审计模式是对与审计对象相关的所有数据进行分析，从而降低了抽样审计的风险。

（三）函证的改变

传统审计下，函证是审计人员获取审计证据的重要途径。虽然第三方独立于审计单位，获取证据相对客观，获取证据较为有利，但仍存在着一定的问题。收到函证的时间可能过长，而且审计人员是否可以收到回函具有不确定性，同时收到回函的可靠性也值得怀疑。

在大数据时代下，与被审计单位相关的往来单位以及银行交易记录均有记载，审计人员可以通过特定的权限，进行审核。由于数据都储存在云端里，审计人员工作只需要网络环境以及计算机即可，极大提高了审计工作的效率。

二、大数据时代对审计工作的具体影响

大数据是对所有数据撷取、管理、处理并帮助企业能够作为决策所使用的资讯的集合。面对大数据时代的来临，内部审计工作不仅在审计方法、审计手段，而且在审计成果的应用等方面，都将面临一次前所未有的变革与挑战。这就需要内部审计人员与时俱进地调整审计思维方式，不仅要能驾驭审计资料，更要能分析数据、透视数据、管理数据。在海量的数据库中，撷取自己所需数据，缩小可用数据密度，提高可用数据价值，辨识出对审计决策有帮助的数据，大数据对审计的影响主要存在以下几个方面。

（一）审计方法

审计方法（Audit method）是指审计人员通过行使审计权利、发挥审计职能、完成审计任务、达到审计目标所采取的方式、手段和技术的总称。审计方法贯穿于整个审计工作过程，而不只存于某一审计阶段或某几个环节。审计工作从制订审计计划开始，直至出具审计意见书、依法做出审计决定和最终建立审计档案，都有运用审计方法的问题。

诚然，审计方法贯穿于审计业务始终，无论是审计资料的收集、过滤筛选，还是审计技术方法、手段的应用。而审计方式则表明了在什么地方审、什么时候审等。当海量的大数据出现的时候，对审计方法和审计方式是一个冲击。

传统的审计方法，诸如函证、盘点、检查、观察等抽样审计技术，在面对大数据时代，这些方法已远远不能满足审计的需求。这种有限的数据对于审计问题的判定、审计成果的决策、审计整改措施等方面，已具有局限性。同时，在内部控制上，传统的审计方法已不能完全覆盖各行业，对于某些特定行业诸如互联网公司、金融小微企业等，只有随着大数据时代的到来，才使针对这些特定公司的审计方法得以实现。同时，也使得抽样技术得以完整化、更智能。

常规的审计工作，是采用随机抽取样本量的方法进行，那么可以采用较小的投入来获得审计结论的得出，从而提高审计效率，但也由于是随机抽取样本量，也会使得审计结论发生错误，其发生错误的可能性大小就意味着审计风险的大小。而大数据时代的产生，使得内部审计人员越来越清晰地认识到：如果一味仅凭着主观的意识去抽取样本量，那么极有可能带来审计风险，也带来更多的财务报表层面的风险，而且忽略了大量的业务活动，无法发现和揭示出企业内部发生对财务报表真实性、可靠性有重大影响的舞弊行为，从而难以对经营决策、管理风险提供准确的评判。但是海量、低密度的数据，又很难允许内部审计人员采用详尽的审计抽样方法，逐笔逐项的对审计证据加以评判。因此在面对这样的大数据背景下，审计抽样方法向着以下几个方面发展：

一是审计抽样越来越智能化。审计抽样的系统，越来越多的吸收各类知识：互联网金融、统计学、供应商或客户背景资料、信用等级等，使得抽样的模型更新速度加快，抽样

经验越来越丰富。审计抽样系统越来越智能化呈现给内部审计人员，为审计人员发现审计问题提供深度支撑，也为审计决策提供客观、可靠的依据。

二是抽样的系统化。通过抽样的系统，对庞大的数据库进行分门别类，提高数据的可实用性和效率性，这些是人工抽样方法下所不能达到的效果。也是由于有了抽样系统，才能为审计预测提供详尽、可靠的依据。

三是审计抽样的系统，可具备预测功能。随着大数据越来越多地广泛应用到各行业，审计抽样系统也将会实现：从审计数据入手，通过庞大、精密的计算，对审计数据进行深度挖掘，找出具有某些特征的数据，缩小审计数据的范围，提高审计效率，降低审计成本；利用已设定好的关联交易规则，预测被审计单位经营风险的大小，协助审计人员确定重要性水平及审计重点、要点，提高审计工作的准确性。

随着审计职能的不断变化，已由原来的主要审计财务报表等职能，转变为服务职能，伴随着数据信息化的不断深入，大数据发展的不断应用，企业内部审计人员已能够从杂乱无章、纷繁冗长的数据和资料中，准确挖掘出被审计单位的基本数据特征，预测其发展趋势。

（二）审计方式

传统的审计方式，系采用事后审计。同时事后审计针对的，多为财务报表审计或者经济责任审计。传统的审计方式，多采用阶段性或者周期性审计，如年度财务报表的审计或者离任经济责任审计等。当然，审计所采用的审计方法，也正如上述所言，多采用抽样方法，在有限的审计资料中，人为进行抽样分类，通常所采取的分析性程序，也多为常规性的，很难真正地起到监督的作用。企业采用的这种事后审计方式，很难为管理层提供及时、有效的审计信息，其滞后的信息往往给决策带来一定的困扰。

另外，由于以往传统审计以财务为主，忽略了经营管理、内部控制风险等方面，其审计监督、评价的方面很有限。而日益增长的数据、越来越快的企业拓展速度，以及审计重要性的逐步体现，也要求审计人员转变审计方式，从阶段性审计变为连续性审计。

连续性审计减少了审计的滞后性问题，降低了审计的风险和错误，对某些特定的或是对内部控制时效性要求较高的企业，如互联网公司、银行、证券、金融小微企业等，提供了较为密集的审计信息，为审计风险预测、经营决策提供了数据支持。

第五节 大数据时代对会计工作影响的对策

一、会计机构应对大数据时代的策略

在大数据时代，需要我们将原本杂乱无章、零散的数据，通过合理地分析、运用，整合成为对企业会计有用的数据。如美国大数据创始公司 Clearstory Data，通过帮助企业收集、整合客户信息，并将整合后的客户信息通过大数据进行处理，其得出的数据结论，可以帮助企业更高效的发现潜在客户群，也可以帮助企业挖掘潜在商机，突破旧有传统模式，找寻新的发展机会。而且通过将信息可视化，帮助企业用最直观、便捷的方式了解和处理数据。

再比如，我国目前北京航空航天大学计算机学院和百度公司就共同合作完成了大型数据处理中心的建立与应用，为百度公司及其客户群，提供大数据的研究与实践，搭建了共享多维度的平台。在大数据到来之际，企业需要从以下几方面着手应对。

（一）建立大数据资产概念，积极响应海量数据需求

在我国，已经有很多行业开始着手建立大数据资产，如电力、财险公司、航空、电信等行业。通过建立大数据资产，分析用户使用行为及用户使用效果，分门别类的制定特定人群的销售政策，加强交叉销售和追加销售；同时，通过大数据资产，可以有效地预测用户的行为习惯和趋势，为用户提供更加人性化、有针对性的产品和销售政策。通过数据的分析，可以准确地判断出企业在行业中的竞争地位、提炼出适合自身发展的有价值的信息，更有针对性地找准市场定位，了解客户的基础信息、个性化需求，以便更好地预测现有用户的发展趋势和未来用户的销售习惯，帮助企业更高效、准确地决策未来市场。所以说，先认识大数据资产、优先建立大数据资产概念，促使企业主动的管理网络信息资源，是企业应对海量数据的措施之一，也能提高企业的经营效益。

（二）确认大数据资产，可以使得会计信息质量得以充分实现

根据市场营销学，我们得知，无论客户在哪个行业中，只要下达了订单，就会产生客户基础信息。其包括但不限于客户的年龄、所处地域、个人喜好、消费喜好及其他个性化的数据。而这些客户的基础资料一旦提交给企业，企业的信息资料库中便生成一份客户的基础表格，也将会永久保存客户的信息。在传统小数据时代，技术人员和职能部门人员，无法对这些客户信息的内在关联性进行挖掘；但在大数据时代，面对这些繁多冗长的客户资料，通过大数据资产就可以对其进行分析和处理，为企业提供更为广泛的客户群体资料，

为将来的市场定位提供优质的数据支撑。

诚然，这些大数据并非孤立存在的，而是存在于企业的会计信息中。这些信息，不仅可以如实、精准地反映企业现阶段的财务状况，还可以帮助企业通过分析、挖掘这些客户的行为习惯等，使得这些大数据资产得以充分发挥其作用，并为会计信息质量提供保证。

二、大数据时代管理会计加速发展的策略

面对大数据时代所带来的机遇与挑战，企业应该积极采取多项措施，有效加以应对。

（一）树立在大数据中应用管理会计的意识

要及时抓住大数据的机遇、有效应对其挑战。首先提高对大数据时代管理会计作用的认识，有关部门或科研院所可以总结与大数据有关的管理会计实践的先进经验，编辑出版有关于大数据的会计刊物、专著、资料等，把大数据相关知识融入管理会计学习，推动和加强管理会计专业教育，使大数据对管理会计的影响与作用为广大的会计从业人员和会计学习者认识与了解。其次，企业的高层管理者应充分认识大数据对管理会计的巨大推动力，主动学习大数据相关知识，进而带动企业的中基层管理者与员工自觉将大数据应用于管理会计实务工作。此外，企业应该对员工的大数据知识进行培训，定期举行相关知识的竞赛或交流活动。例如，定期举行案例分析活动，让员工亲身体验将大数据应用于管理会计前后公司各方面的变化，分析大数据的优势以及对公司加强管理、提升绩效的重要作用。

（二）构建基于云计算的会计信息系统

大数据时代的信息存储工具必须具有足够大的容量，要能够容纳 TB 级别的数据，对数据进行迅速分析，也要能够支持低延迟数据访问和决策。随着互联网、传统计算机技术与网络技术融合而产生的云计算为解决此难题提供了帮助，云计算通常通过互联网提供动态、易扩展、虚拟化的资源，具有"资源共享、快速交付、按需服务"等显著特征。在云计算模式下，企业能够实现对 PB 级别数据的存储，满足 ZB 级别海量的结构化、半结构化乃至非结构化信息的分析需求，企业的数据也会被保存在互联网的数据中心，而不占用企业自身的存储空间，其所需要的应用程序也在互联网的大规模服务器集群中高速运行。这不仅会大大提高企业存储、分析信息的效率，而且能够实现对数据的深度挖掘，使其价值充分显现。在一定程度上，构建基于云计算的会计信息系统是目前解决大数据存储与分析问题最直接、最有效的方法。

第六节 大数据时代会计专业人才培养课程体系的构建

进入 21 世纪以来，信息技术的爆炸式发展给传统的会计行业带来了巨大的冲击，会计机器人、云会计、财务共享、"互联网＋"、区块链等新名词令人眼花缭乱。可以肯定的是，这些新技术的发展促使会计行业无法逆转地进入了一个数字化、智能化发展的新阶段。面对这前所未有的变革，很多高校都在思考会计行业将如何发展、如何培养未来的会计专业人才。由于对各种新技术认识的不同，目前大家对这些问题尚未形成统一的观点，有人认为会计专业即将消亡，也有人认为应该对财会专业学生加强计算机编程方面的训练。本节在分析现代信息技术给会计行业带来深刻变化的基础上，探索未来财会专业人才应具备的基本素质，进而对培养这种基本素质的核心课程体系进行了研究。

一、大数据时代会计职业的转型定位与素质要求

（一）信息技术的发展对会计行业带来的冲击

信息技术的发展提高了会计数据的处理效率，将财会人员从繁重的简单重复劳动中解放出来，从事更有价值创造性的工作。特别是以下三项技术，对会计行业带来了巨大的冲击：

1. 会计机器人

会计机器人就是人工智能在会计领域的应用。与其他信息系统相比，会计工作的数据来源广泛、数据量大，但有大量的重复、周期性明显；并且数据处理流程复杂，有严格的程序规定。会计机器人的出现可以减少对这些简单重复、有规律可循工作的人工投入，大大提高工作效率。可见会计机器人主要应用在会计基础数据的收集、识别、处理、加工等能够程序化的工作上，能大大降低会计信息生产成本。基础数据处理的效率提高和成本降低，促使会计数据的深度利用成为可能，企业账户层面和交易层面会计数据以及相关业务数据相互融合，实现业财融合、财务共享等管理模式的创新。

2. 区块链

区块链本质上是一个去中心化的数据库，它是按照时间顺序将数据区块以顺序相连的方式组合成的一种链式数据结构，并以密码学方式保证的不可篡改和不可伪造的分布式账本。由于工作的特殊性，会计对数据的真实性、可靠性要求高，处理过程中对数据的安全性、保密性要求高，对区块链技术来说大有用武之地。未来区块链技术可能会促使会计记账方式、记账流程、报表披露等方面产生根本性变革，进而引起审计鉴证、交易认证、内部控制等业务的变化。

3. 云会计

云会计其实就是利用云技术在互联网上构建虚拟会计信息系统，完成会计工作的一种新模式。传统的会计工作需要购买会计软件，并安装在电脑设备上，而云会计的出现可以突破这种现实局限。在云会计环境下，会计信息共享在"云端"，通过手机、平板和电脑等终端，会计人员可以随时随地对会计业务进行处理，大大提高了工作效率；企业管理层也可以及时了解企业的会计信息。目前对云会计比较担忧的是其安全性，大量的数据存储在云端，一旦云存储中心遭到破坏或攻击，后果不堪设想。随着云服务平台运行稳定性增强，云会计将大大降低企业的管理成本。

信息技术的迅猛发展把人类社会带向了大数据时代，数据成为最重要的资源，谁拥有更全面的数据，谁就占据了制高点。如何通过强大的机器算法获取有价值的信息，是大数据时代的难题。对不同数据进行专业性的分析，可能是未来职业发展的重点，如医生通过分析病人的体检数据，挖掘疾病的成因和规律，让诊断和治疗变得更加准确，但没有经过医生职业训练的人，即使看到同样的数据也很难做出正确的诊断。

（二）大数据时代会计职业的转型定位

对于会计行业来说，企业建立起内部数据共享中心，各职能部门之间的信息孤岛被打破，每天有大量的财务会计方面的数据产生，以及其他各部门的非结构化、碎片化的数据，再结合宏观政策、经济环境、行业发展、消费潮流等企业外部数据，成为大数据会计工作的基础数据来源。这些数据具备的特点是：（1）来源广泛，包括企业内部各部门、税务机关、银行、工商管理部门、财政部门等；（2）结构复杂，既有结构化的数据，也包括半结构化、非结构化的数据；（3）形式多样，文本文件、图形图像、音频视频等都可能成为数据来源；（4）数据量大，单位数据的价值含量低。如何在大量数据中挖掘出有价值的信息，将成为最具创造性的工作。

在大数据时代，企业管理的复杂性要求会计信息系统向更加精确、智能化方向发展：一方面会计控制工作要前置，在预算控制、业务审批时就会进行会计控制；另一方面会计管理工作将从提供反馈信息为主，发展为提供预测信息为主，为企业管理提供及时可靠的决策信息。而这些可能是未来会计工作的主要内容。

在这种情况下，大数据时代的财会人员，除了少数从事基础的财务数据收集、整理工作以外，大部分人员的工作将是对财务会计数据进行数据挖掘与分析。他们的分析对象除了公司内部的基础财务会计数据外，还有同行业数据、宏观经济数据等企业外部的大量数据，而分析的目的在于给企业经营管理提供会计信息，为企业创造价值。分析的主要内容包括两个层面：战略层面包括企业外部环境评估、长中短期策略制定、市场趋势预测、内部资源配置等；经营层面包括投融资计划、成本控制、营运资金管理、生产采购流程决策、库存管理、市场开发决策、新产品研发决策等内容。

（三）大数据时代对会计人员的素质要求

对财务会计数据的分析能力将成为财会人员的核心竞争力。这虽然需要借助大数据分析工具，但不是计算机人工智能能够随便替代的，需要经过严格的专业培训和多年经验积累，因而具有显著的专业特征。要培养这种分析能力，需要从三个方面进行努力：

第一，数据思维能力，即要培养用数据解决问题的思维习惯。对数据价值的把握绝非一件易事，既需要一定的专业训练，也需要长期的经验积累，才能具有对数据的敏感性，善于从数据中发现规律。

第二，数据处理与分析能力。需要掌握一定的信息技术知识和技能，包括如何收集数据、管理数据、处理数据，还包括数据建模、分析结果的可视化呈现等基本技能。

第三，数据应用能力，即需要培养用数据解决企业经营过程中具体问题的能力。这需要在实践中不断积累经验，充分发挥财会人员的创造性和认知性，提高发现问题、分析问题和解决问题的能力。

只有通过这三个方面的学习和训练，财会人员才能适应大数据时代的需要。针对以上三方面基本素质要求，本节设计了一套核心课程体系，以下将对其进行详细介绍。

二、大数据财会专业人才培养目标与课程体系构建

（一）大数据会计专业人才培养目标

大学教育的目的是为学生未来的职业发展奠定基础。经过培养和学习的大数据会计专业人才应该具有较高的财务数据分析能力，具备扎实的数据思维能力，掌握了数据处理和分析技术，并能将其应用于实际问题的解决方案中。他们善于运用大数据和人工智能技术进行系统设计、分析、决策和评价，具备财会专业的基本职业判断能力，能通过敏锐的洞察力对信息进行恰当分析，及时分析和解决财务工作实际问题，能够在大中型企事业单位从事财务管理与综合分析工作，在证券公司、会计师事务所等专业中介机构从事与财务、会计、审计、行业分析等相关的专业工作。

（二）大数据会计专业人才培养的课程体系

人才培养的课程体系就是教学内容按一定程序组织起来的系统，是人才培养活动的载体，一个完整的课程体系包括通识教育课、学科基础课、专业必修课、专业选修课以及实践课等内容。与传统的会计专业课程体系相比，大数据会计专业人才培养的课程体系只有突破陈规，全面创新，才能培养出社会亟需的大数据会计人才。我们设计了一套课程体系，见图 6-1。

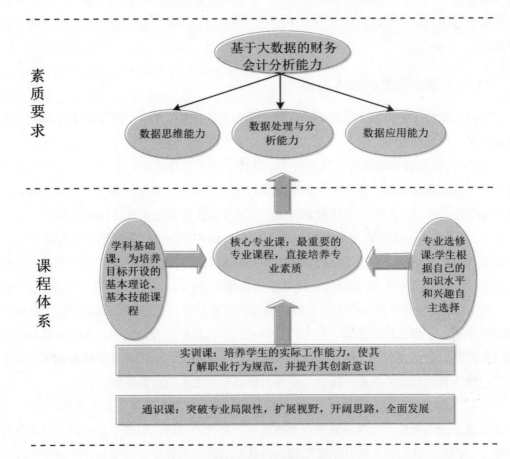

图 6-1　素质要求与课程体系结构图

（1）专业核心课位于结构图的中心位置，既对整个课程体系起到提纲挈领的作用，又直接对接专业素质要求。对于大数据会计专业来说，应开设《数据科学与会计信息系统》《Python 语言在财经领域的应用》《大数据技术及其应用》《财务共享与业财融合》《大数据管理会计》《大数据财务分析与可视化报告》和《大数据与财务决策》等 7 门核心课程。

（2）学科基础课是为培养目标而开设的基本理论、基本技能课程。对于大数据会计专业来说，应增加高等数学、统计学、现代信息管理技术等课程，培养学生的大数据能力基础。

（3）专业选修课是学生根据自己的知识水平、兴趣爱好以及未来职业规划自主选择，加深了解的课程，既包括更复杂的信息技术课程，如深度学习、自然语言处理等，也包括行业应用的垂直课程，如大数据审计等。

（4）专业实训课程是为了培养学生的实际工作能力，让他们了解职业行为规范，并提升其创新能力。其中毕业设计是最重要的实践环节，应将学生置身于实际业务场景，让他们用数据去解决实际业务问题。

（5）通识教育课位于结构图的最底层，但不是最不重要的课程。通识教育课以学生的全面发展为出发点，突破专业的局限性，帮助学生扩展视野、开阔思路。例如，可以在通识教育课中增加一些信息技术应用环境下的职业道德培养，如数据保密、安全等方面的课程。

（三）核心专业课程体系

在这个结构图中，最为重要的是专业课程体系的构建。笔者设计了一套7门核心课程体系，具体内容如下：

（1）《数据科学与会计信息系统》。该课程在整个体系中起到了提纲挈领的作用，向学生普及大数据知识，培养学生的大数据思维。它通过大量案例和实训让学生体会"数据驱动型生产模式"，以及在这种新的生产模式下财会行业的重要作用和工作方式。

（2）《Python语言在财经领域的应用》。Python作为一门编程语言，越来越受人们的欢迎。在会计行业，由于语法的精确和简洁以及大量第三方工具，使它几乎成为处理错综复杂的事务的唯一可靠的选择。因此让学生熟练掌握Python语言对其职业生涯大有裨益。

（3）《大数据技术及其应用》。该课程的主要目的是向学生介绍和传授大数据技术的基础知识，包括云计算系统、分布式计算系统、机器学习等。其中，未来数据处理的基础设施可能都会挂在云端，因此学生需要掌握云计算技术；而随着数据越来越多，分布式计算已成为数据处理的必要手段，也成为大数据专业人才的必备技能。

（4）《财务共享与业财融合》。在大数据时代，会计业务都在企业的共享平台上完成，实现了高度业财融合。会计核算流程被掩盖在自动化的背后，但绝不是说这个过程变得不重要了。因此，这门课主要让学生掌握会计核算的内容与程序，以及与业务流程的融合，让学生掌握会计数据的产生过程和深刻内涵。当然，随着信息化程度的提高，会计核算流程肯定会进一步简化，课程内容也要相应地进行调整。

（5）《大数据管理会计》。大数据技术的发展为管理会计的功能发挥提供了全面、充足的数据支持，也为管理会计的发展奠定了良好的基础。因此这门课的内容要根据大数据思维重新进行调整，如对成本性态的分析，可以让学生收集生产车间的大量数据，然后自己建模分析，确定企业的固定成本、变动成本。

（6）《大数据财务分析与可视化报告》。该课程向学生介绍如何利用大数据技术更加科学、准确地分析企业财务情况，预测企业财务风险，并且编制可视化的分析报告。这是大数据财会专业人员必须掌握的基本技能，学生应该熟练掌握。

（7）《大数据与财务决策》。本课程向学生介绍如何利用大数据技术为企业财务决策提供支持，具体的财务决策内容包括投融资决策、股利分配决策、企业并购决策、资金管理决策、信用政策决策等。

在这7门课中，第1门是为了培养学生的数据思维能力，第2门和第3门是为了培养学生的数据处理与分析能力，而最后4门则是为了培养学生的数据应用能力。它们构成一个完整的体系，构建起大数据财会专业人才培养的核心课程。但是，这些课程还只是本文的一个设想，具体课程的内容、章节分配、授课方式等还需要进一步充实和完善。

三、大数据会计专业人才培养课程体系的配套措施

为了让本节提出的课程体系能够得以实现，为培养大数据会计专业学生发挥积极的作用，亟待解决的问题是打造合格的师资队伍，编写合格的教材，并结合现代先进的教学手段，探索更适应的教学模式。

（一）师资力量

目前参与大数据会计专业教学的教师，几乎都是传统的会计、计算机等专业的教师。他们中的大部分未必有大数据的从业经验，也无法要求他们能够马上胜任全新的大数据会计专业的教学工作。因此，迅速打造一支合格的师资队伍是当务之急，最可靠的方法是选择一些教学经验丰富，又具有一定计算机基础的教师进行培训，加强他们的大数据思维能力，掌握一定的大数据技术和方法，参与一些大数据分析项目，促使他们具有大数据会计专业的教学能力。

（二）教材编写

对于这个全新的课程体系，最大的挑战在于教材内容的重新编写。传统的会计专业教材，大多数是针对某个企业而编写的。例如，目前大部分财务分析教材都是对某个企业的财务报表进行分析，最多再加一些行业比较、著名案例等，这很难适应大数据分析的要求。在大数据时代，财务分析的数据来源更为全面，对数据的挖掘更加深刻，很可能会产生更加创新的分析方法，这些都需要及时总结，编写到教材中去。

（三）教学手段

一方面，在大数据时代信息技术充分发展，教学工作应该跟上其前进的步伐，不断改进教学手段；另一方面，对于大数据会计专业人才的培养肯定要更多地利用数据技术和手段，这与传统会计专业的人才培养可能有很大不同。当然，具体教学手段的运用还需要广大教师，在实践中不断总结经验，进一步完善教学模式。

21 世纪是大数据的时代。在大数据时代，数据就是新资源，这一点已经成为全社会的共识。各个行业通过与大数据技术的结合，拓展新的内涵和外延，取得了重大发展。传统的财会专业在大数据时代的冲击下，也发生了深刻的变化。如何培养适应大数据时代合格的会计专业人才，是我们需要现在考虑的问题。笔者认为，在大数据财会专业人才培养体系中，至少应包括《数据科学与会计信息系统》《Python 语言在财经领域的应用》《大数据技术及其应用》《财务共享与业财融合》《大数据管理会计》《大数据财务分析与可视化报告》和《大数据与财务决策》等 7 门核心课程，才能完整全面地培养大数据财会人

员所需的知识体系和技能要求。当然，这还需要进一步培养合格的师资队伍，深化课程内容，改进教学方式，完善培养模式，才能培养出适应大数据时代的新型会计专业人才。

第七节　大数据时代会计专业人才培养路径

近年来，互联网在我国的迅速崛起，互联网与传统行业深度融合，对社会各行各业的成长产生了广泛而深入的影响。会计工作作为管理活动的重要组成部分，不可避免地受到了重大而深刻的影响。在大数据环境下，互联网承载的思想和技术，冲撞着传统会计业务，用人单位对专业人才提出了更高的职业要求，会计人才培养面临着新的挑战和机遇。而高校作为培养创新实用型会计人才的摇篮，探索如何适应大数据环境，并充分恰当运用互联网技术，深入推进教育改革，培养新时代下合格的会计专业人才是一项紧迫且具有重要现实意义的课题。基于此，本节就大数据时代会计专业人才培养现状进行分析，并充分挖掘存在的问题，进一步提出优化人才培养模式的对策路径。

一、大数据对会计专业人才培养提出的挑战

互联网经济的繁荣迅速改变着社会公众的日常活动方式。云计算、物联网等信息科技爆发，电子商务平台化、电子发票、电子银行迅速普及，会计信息确认、核算、管理、安全已然成为重要的命题。"互联网+"改变了企业的运作模式，会计人才培养面临着新的挑战。

（一）会计基本职能地位发生改变

核算和监督是会计的基本职能，传统会计人才培养十分注重核算技能的教育。而在依托互联网技术、云平台的大数据时代，各类会计业务的核算流程得到了十分显著的简化。目前电子化发票、凭证、账簿等现代信息技术正逐步取代纯手工填制的纸质会计文档，解除了传统的频繁重复劳动对会计人员的束缚；此外，算盘、计算器等会计信息处理工具的地位被计算机所取代，不同部门以及员工可以通过计算机进行远程操作，实现数据、信息共享，提高工作效率（周蕊、吴杰，2015）。这两方面的变化，导致社会对会计人员有了更高的职业能力要求。企业对基层核算财务人员的需求量将大幅度降低，绝大部分企业都提出了"数据收集、分析与决策能力"方面的要求。单一的会计核算人才随着企业发展需求的改变已不再是时代的宠儿，会计从业人员的工作重心要向信息深入分析上转移。在会计专业人才培养过程中，高校不仅应注重使学生精通财务会计核算，而且应加强学生对管理会计知识的学习，推进培养模式由传统的静态财务会计向新型的动态管理会计转变，更

好地发挥会计的预测、控制、决策等其他职能，以便更好地对接行业职业标准。

（二）会计组织形式愈加开放

伴随着通信技术和软件系统的普遍应用，其高效集成的特性使得会计数据和信息的传输速度显著提高，简单重复标准化的财务工作得以集中处理。会计由独立的核算模式转向集中的财务共享模式是顺应时代发展不可逆转的趋势。各会计主体的会计信息质量及核算效率将得益于财务共享模式的统一核算而显著提高，不会再像手工会计那样受到空间的严重制约。此外，传统会计工作随着互联网信息技术的发展日渐摆脱了地域的束缚，线下业务逐步向线上模式转变，并成为会计服务机构的主流。代理记账网络化、在线财务管理咨询、云会计与云审计等开放服务模式引领着会计工作方式的潮流；填制记账凭证、登记账簿以及编制财务报表、纳税申报与税款缴纳等日常业务都可以借助互联网远程操作处理。"互联网+"催生了新型会计服务体系的产生，同时也促使会计工作突破时空地域的限制，不但能够为使用者提供基础财务信息，还能够依托新兴的网络技术，为分析者的相关决策及时提供更全面、动态的会计信息。

（三）会计知识传播渠道更加多元

传统的会计教学模式中，教师是主角，学生则被动地接受知识的讲授。这一汲取知识的过程由于会计专业课程较强的理论性而显得十分枯燥无趣，因此课堂教学气氛通常不活泼，很难达到期望的学习效果。大数据的迅速普及，使会计学习方式变得更加多元化。多数校园都已经被网络信息化技术覆盖，远程教育、教学资源库等各种技术手段被充分而灵活地运用。移动 APP 随着智能手机的普及发展如鱼得水，慕课、微课、QQ 等互联网络工具丰富了学生的学习方式。在课堂教学过程中，高校教育工作者除利用计算机外，还可以引入"慕课""翻转课堂"等新型教学方法，充分运用微信、微博等手段，调动学生获取知识的积极性，通过互联网平台改变传统枯燥的教学模式，提高学生学习的协同性。大数据时代对高校在会计专业人才培养过程中，能否充分恰当利用多元化的学习方式，迅速适应时代环境提出了挑战。

二、大数据时代会计专业人才培养模式存在的问题

大数据时代各行各业在互联网技术的影响下发生着变革，企业需要具有更强综合素质的会计专业人才。目前高校在培养专业人才方面还存在着一些需要改进的地方。

（一）专业人才培养目标有待创新

人才培养目标规格必须能够适应学校转型与产业发展，满足不断变化的行业人才需求。而当前高校因缺乏互联网思维，培养目标的更新跟不上互联网发展的步伐，存在着与企业

需求脱节的问题，人才培养体系的架构不尽合理。在培养专业人才时高校大多比较注重核算等基本技能的教育，如要求学生熟悉手工账务处理和会计信息化处理的区别和联系、掌握日常经济业务的账务处理、掌握会计报表的编制方法等。随着大数据时代的到来，电子商务、网络等高科技使世界各国联系更加频繁紧密，企业经营活动依托于网络，会计信息实现了"人、财、物、信息"的四合一，单纯的会计核算或者基础的会计电算化培养已不能适应大数据时代的发展，企业亟需具有良好数据分析能力、辅助决策能力的高素质应用型人才。

（二）课程体系设置有待完善

目前高校开设"移动互联网"类专业的情况并不多见，在会计专业培养计划中融入互联网等相关课程的更是罕见。多数高校学生在会计领域的学习定格在电算化阶段，专业课程设置仅满足于会操作相关会计软件。而"互联网+"与教育的融合，要求学生不仅悉知会计方面的理论与实务知识，还需要精通计算机技术。新时代企业青睐的会计人才必须能够借助网络技术和专业理论知识，在电脑上处理各类会计业务，完成相关会计工作，从而为企业创造出社会价值和经济效益。因此，大数据时代必须培养复合型会计专业人才，兼具会计知识和网络信息知识。此外，课程体系的设置不应仅局限于课堂教学，多数高校狭隘的课程体系设置并没有考虑课外培养，学校应拓展课外培养计划，如鼓励学生参加"挑战杯"赛、学科竞赛、大学生创新创业项目实践、学科学术报告等，并使这些活动以学分的方式纳入课程体系。

（三）会计专业实践教学有待增强

理论知识的传授对多数文科类专业而言是必不可少的环节。然而会计这门学科相对于其他文科类学科而言实践性较强，其对学生的动手操作能力有着较高的要求；但现阶段高校在培养会计专业人才方面，重理论轻实践的情况十分严重。这种情况会使学生一开始能较为准确地认知会计理论性，但又不能具体地构建完整的知识体系；而在后期学生对于更为复杂的会计学习会感到异常吃力，甚至走向了厌学弃学的糟糕地步（梅建安，2016）。很多院校也为会计专业学生开办了模拟实训室，但在日常教学中，实训室没有被充分利用起来，真实使用频次甚至屈指可数，这会让专业实训无法达到预期效果。另外多数高校也鼓励会计毕业生去企业实习，并分配了一定课时，但实际操作时不能严格执行，会计实习换来了一张简易的实习鉴定表，注重表面形式，没有实质性的作用，由此并不能培养出符合企业发展需求的合格专业人才。

（四）会计专业教师队伍素质有待提高

高校教师队伍综合素质对人才培养质量有着举足轻重的作用。很多高校会计教师都是毕业后直接走上教学岗位，缺少企业实务操作的经验，专业实践能力明显不足。部分院校也会为教师提供与企业进行交流学习的机会，但由于受时间和空间的约束，教师无法长期进行大型培训，仅仅是不定时地进入小企业学习，教师积累实践经验的效果大打折扣。在此情况下，高校会计教育难免"闭门造车"或者"现学现卖"。随着互联网经济的崛起，同时具备专业知识和信息技术知识的会计教师队伍，成为会计专业人才培养的必要资源。此外，高校对教师的考核重心多停留在科研方面，而对教师实践教学能力的考量则不以为意，致使绝大多数教师重科研轻教学，忽略了对学生学习兴趣的引导与激发。

三、大数据时代会计专业人才培养路径探索

针对这些问题，高校应迅速着手探索大数据时代下新型的会计专业人才培养优化路径。

（一）强化互联意识，创新会计专业人才培养目标

"云技术"的运用将使传统会计核算处理方法变得便捷，记账、报账、核账、审账等都能在网上实时完成，这对会计人员也提出了更高的要求。学校要适应大数据环境，为满足企业需求培养"产销对路"的专业人才，而其首要任务就在于确定合理的人才培养目标。因此，学校应当广泛开展社会调研，根据第一手资料分析当地会计人才的市场供需情况，进行客观的自我定位。深入了解不同用人单位对聘用者在职业资格、职位技能以及职业操守等方面的要求，并与其他同等层次或高层次的院校的培养模式进行比照，积极借鉴可取之处，同时邀请专家成立讨论组，为互联网下高校会计人才培养目标的合理确立保驾护航。在原有的人才培养计划的基础上，吸收国内外相关专业人才培养模式的精华，改革传统的人才培养目标，及时更新人才培养方案。为适应大数据时代发展需求，学校应更加注重强化学生大数据意识，对课程设置及时进行改进，提升学生在信息整合、数据分析等方面的能力，培养出为用人单位所青睐的人才。此外，也不能放松对学生职业道德的教育，"立德树人，素质领先"，学校要培养学生的社会责任感和人文科学素养。

（二）实施数字管理，构建科学合理课程体系

人才培养模式的优化离不开课程体系的科学化，专业人才培养目标确立后，高校应合理地调整专业现有课程体系。开设课程应该以新时代会计发展领域以及会计结构变化为依据，课程体系的构架应结合互联网做出相应调整与转变，以期锻炼并丰富学生的互联网思维。在课程设置中，要高度关注大一、大二学生基础课程中有关数据分析部分的课时分配，可以在计算机应用方面的课程里新增开设检索课程，提升学生数据搜集能力。此外，还应该增设网络安全、大数据技术、XBRL 等相关基础理论知识课程，为学生能熟练自如地运用信息技术处理会计信息奠定基础，使学生能够成为具备较高信息技术素养的复合型会计人才。在专业课程设置方面，重视风险管理、成本会计、管理会计等课程的学习，提升学生会计信息分析及辅助决策能力。课程体系可以从纵向视角建立三个层次：会计学基础课

程—数据分析基础课程—决策能力提升课程，其中与计算机知识密切度较高的课程可安排相关专业教师任教。课程体系的完善需要合适的教材作为载体。在教材改革方面，学校应从全局视角就会计学科教材建设进行设计，做到各门课程有机衔接，以避免相同或相似课程内容的重复开设。不仅如此，学院也可以将本校特色与当前会计市场实际情况结合起来，编写更贴切、合适的个性化教材。

（三）推进校企合作，设置实践交流新平台

专业化人才的培养与实践训练教育密不可分。会计专业教学要紧密结合实际开展，学校应加强与企业的沟通交流，通过校企联姻提高校外实践教学质量。各高校要积极主动联系新工艺、新技术的代表性企业，建立校外实训基地，为学生掌握专业岗位实务技能提供一个真实的工作场景，增强学生实践能力训练，提升毕业生的就业竞争力。除了与一些实体企业进行联姻外，高校还可以与一些网校企业合作，借助"云平台技术"进行在线学习，及时对学生的学习行为进行总结分析，进一步改善学习效果，从而不断促进完善人才培养方案。不仅如此，还应积极通过校企合作来开发会计立体化教材。教材要在传统纸质书本的基础上，依托网络信息技术平台，整合各类形式丰富的教学资源。在校企合作过程中，院校要充分了解用人单位各类会计岗位有关核心能力要求，聘请实务经验丰富的会计领域专家、企业财务经理等来指导教材的编写，通过相互交流合作共同开发出有利于提高教学质量的会计实用性教材。

（四）转变思维方式，促进师资队伍新升级

专业人才培养质量的高低很大程度上受制于高校教师队伍的综合素质。大数据时代，兼具计算机网络技术、电子商务等知识的师资力量在会计学人才的培养过程中是不可或缺的，但现阶段精通会计知识同时具备网络技术知识的复合型教师缺口还很大。首先，高校应在互联网知识方面加强教师培训，促进教师互联网思维的形成。在全新思维的引导下，进一步全面推进教学理论的创新变革，在传统课堂教学中融入互联网的新元素，并以社会的需求为导向，开展学生感兴趣的教学活动。其次，高校必须定期组织教师去企业进修学习，通过"访问工程师"制度的开展落实，使教师在参与企业实践活动过程中切身感受大数据对会计实务的巨大影响。教师积累了丰富的实践经验后在传道授业过程中才能有理有据，使教学内容变得更加形象。最后，高校还可以从外部聘请注册会计师或实践经验丰富的优秀财务经理人来为学生授课，使理论和实际能够充分地结合起来。

当今互联网的极速发展深刻影响着社会经济各领域，促进了各行业的管理模式、经营方式的革新。在大数据时代这一新的背景下，高校应努力探索出一条顺应时代潮流的人才培养路径。"互联网＋会计＋管理"是当前会计专业的显著特色，也是会计行业在未来的发展方向，高校要顺应时代的发展、企业的需求，注重人才培养模式的优化，针对在培养专业人才中存在的问题，努力探索改善路径，如创新人才培养目标、重构课程

体系与教学内容、推行校企联姻、加强教师队伍培训等，对会计人才开展360度全面培养，构建出具有应用型特色的专业人才培养模式，以期为社会输送满足企业发展需求的全能专业会计人才。

第七章　新时代背景下大数据企业财务管理挑战与变革

第一节　大数据时代下为何要进行企业财务管理变革

随着大数据、云计算、互联网等信息技术的兴起与发展，社交媒体、虚拟服务等在经济、生活、社会等各个方面的渗透不断加深。伴随而来的是，数据正在以前所未有的速度递增，全球快速迈入大数据时代。舍恩伯格在《大数据时代》一书中指出："数据已经成为一种商业资本，一项重要的经济投入，可以创造新的经济利益。事实上，一旦思维转变过来，数据就能够被巧妙地用来激发新产品和新型服务。"

一、企业财务管理理论面临的大数据挑战

关于公司财务，中英文都有多种表述，如公司理财（Corporate Finance）、公司财务管理（Corporate Financial Management）等。这里将"公司财务"的概念定位于"企业财务管理"，理由是这门学科应该以非金融企业为主体，关注企业如何利用财务理论和金融工具实现财务资源的组织与配置，并对企业价值产生一系列的影响，包括财务决策、计划、控制、分析等。当然，无论是 Corporate Finance，还是 Corporate Financial Management，从学科内容的角度上理解，两者基本是一致的，主要包括资本预算、融资与资本结构、股利政策以及并购等。公司财务管理理论的核心概念或工具，如净现值、资本资产定价模型、资产组合、资本结构、期权定价模型等，已成为财务管理理论向纵深发展的标志性成果。目前，以实证模型主导的财务理论已取得了科学突破，并形成了一系列的相关延伸理论，如一般均衡理论、博弈理论、资产组合最优化模型和衍生品定价模型等。但当主流财务学被习惯性地披上数学和物理学的外衣时，这两个学科本身所具有的严谨性，可能会给人们尤其是企业家、监管者、政策制定者留下一种错误的印象：财务学模型得出的结论精确无误。

我们相信，大数据、云计算、互联网经济环境都在挑战着建立在诸多完美假设基础上的现行财务管理理论与原则。这些挑战包括股东价值的计量与提升路径是什么、财务风险如何计量与防范、公司财务理论应该如何服务于公司财务管理实践、财务理论是否需要重新构建。笔者主要从理论服务于财务管理实践的立场，指出当代企业必须正视现有公司财

务理论与命题存在的局限性，否则将会有碍于财务管理实践创新与其作用的发挥。

二、中国企业基于大数据实施财务管理系统创新

近年来，我国一批企业已开始实施基于大数据的财务管理系统创新。比如，以中石油为代表的一批大型企业就在推动"大司库"项目。所谓"大司库"，就是通过现金池统一、结算集中、多元化投资、多渠道融资、全面风险管理、信息系统集成等手段，统筹管理金融资源和金融业务，有效控制金融风险，提升企业价值。中石油的大司库信息系统通过与内外部系统，包括 ERP、会计核算系统、预算系统、投资计划系统、合同管理系统以及网上报销系统等数据的集成对接，实现信息共享。同时，内部各子系统、各模块间的无缝衔接，使大司库系统成为一个有机、统一的整体，并可以直接服务于集团大司库管理。就资金管理系统而言，大司库对总部各部门和各分公司、子公司进行从上到下、从横向到纵向的整合，将原有的 400 多个资金管理流程简化为 100 多个，实现以司库管理业务为线条，业务经营、现金管控与财务核算端对端的衔接。

另一案例是万达集团的"财务游戏要领"。万达集团内部建立了严格的成本预警制度，当某项目成本支出超过计划书范围时，该成本预警系统就会发出提示与分析。除此之外，万达集团还规定每个季度初需在其成本系统内编制一次现金流量表，其中，仅项目目标成本控制表中涉及的费用项目就超过 250 项。万达集团项目支出计划的编制涉及大量成本科目，各级成本科目共计约 500 行、36 列、1.8 万单元格，各级科目成本总数在编制完成后会被分解到各月的列中。编制过程中涉及如此众多的数据，主要是由于万达集团单个项目具有较大的开发体量，以及万达集团本身业态众多。不仅如此，万达集团在项目进行时还持续跟进项目进度以及付款比例，并且规定必须将实际情况与项目计划进行对比，并将此纳入管理者绩效考核当中。目前，万达集团在正式承接项目之前，不仅能够提前测算项目涉及的土地成本、规划设计费用、建设费用、招商租金等，而且可以利用精准模型将费用误差控制在一万元以内。

这些管理创新案例给我们带来很多启示，至少表现在两个方面：一是应认识到财务管理实践的创新驱动着财务管理理论的发展，否则，财务管理理论不仅不能引领管理实践，而且容易形成理论与实践"两张皮"；二是理论界经常提及的企业财务管理、资金管理、管理会计、战略财务、内部控制、全面风险管理 ERM、会计管理、预算管理、成本控制等，其概念内涵与定义边界越来越模糊，在大数据时代的背景下，过于强调这些与财务管理相关的概念边界无益于管理实践。

大数据会给企业的经营和管理带来改变并对其产生影响，这必然导致当今企业经营理念、商业模式、管理方式、战略决策发生较大的变化和创新。以创造价值为宗旨的企业财务管理理论与实践应积极思考和应对大数据时代带来的挑战与变革。

第二节　大数据时代下企业财务管理的积极影响

一、大数据对财务管理提出的要求

随着人类时代背景的不断演进，大数据时代的到来决定了企业的发展步伐必须紧跟时代的发展和进步，与时俱进、及时创新。作为时代发展的必然产物，财务管理工作的开展必须与时代同步，必须在一定的时代背景下进行完善，因此，大数据时代的到来为财务管理工作提出了新的要求。

（一）财务管理工作应收集并存储更多的具有多种结构的数据资料

信息时代的发展带来的大数据所蕴含的价值是无法估量的，其中所包含的各种有用信息也是无法估算的。大数据技术为全面地反映企业的经济业务所需数据资料提供了便利条件。企业通过有效地收集各种大数据，帮助企业有效地提高了企业的市场占有率，成为企业抢占竞争优势的一种必然趋势。企业的财务管理部门作为直接与各种数据、资料、信息相接处的部门，如果能更好地利用这种大数据时代所创造的大量的数据资料，就会为企业的信息使用者提供第一手的信息资料，便于企业进行各种决策。因此，这就要求企业的财务人员必须能够熟悉信息技术，能够快捷地、准确地从众多数据资料、繁杂的数据形式中探寻到有价值的数据，用以全面反映企业的经济业务的发展状况，消灭信息不对称产生的问题。例如，对于企业的成本控制与内部控制，随着市场经济的不断发展与完善，在微利时代成本的高低将成为企业获利的关键性因素。在大数据时代下，专业的成本分析与控制人员，不仅要具备丰富的、扎实的财务专业知识，还必须对企业的各项生产工艺流程、生产环节、企业的内控流程等进行了解与高度关注，对各种指标及时进行把控（如生产效率、产品报废率、各种产品成本的差异、各种费用的使用情况等数据指标）。在成本控制系统的帮助下，充分挖掘相关成本数据，并对成本数据进行合理的分配、归集、构成分析等，从而为企业成本的有效控制奠定基础，为企业的决策提供帮助。

（二）财务管理工作应更加关注非结构化数据带来的价值

目前，各企事业单位的财务管理中主要是针对具有结构化的数据进行各种处理，现代计算机技术的发展、信息技术的发展、网络技术的普及等都为财务管理人员进行结构化的数据处理提供了便利，在这方面已经基本趋于成熟。财务人员对于结构化的数据计算、汇总、统计等工作已经非常娴熟，即使是在遇到较大的数据量时，也能在相应的商业软件的协助下完成这些工作。但是，随着信息时代的不断发展，很多半结构化、非结构化的数据和组件成为数据界的主流，这种本质上的取代和飞跃不仅仅体现在数据量的变化上，更充分体现在数据所产生的价值中。因此，这就要求财务管理工作要想真正从海量的数据资料中找到具有丰富价值的数据，就必须充分分析这些数据的价值，并努力从中挖掘非结构数据，数据价值挖掘得越多越能为企业的经营发展带来竞争的优势。

（三）应不断满足财务信息使用者的个性化需要

财务管理工作是一项为企业的经营者提供决策信息的系统化工程，随着社会主义市场经济的不断深入发展，各企业面临的市场竞争日益激烈，企业的各利益相关者对经营决策的科学性、正确性、适用性等方面的内容越来越关注，这也就引发了企业财务管理工作目标的变化，并逐渐完成了由经济管理的责任向决策责任的转变。随着大数据时代的到来，云计算的应用、数据信息容量的增加、信息使用者的需求逐渐变得更加多元化、复杂化、个性化，而这些要求对于财务管理工作而言是难以预测的。随着大数据时代的发展，企业的决策者们更加关注财务信息的个性化发展趋势，这对传统的财务管理工作是一次重大的挑战。财务管理工作在大数据时代的改进中应努力遵循这一基本原则，采取积极的措施来应对这种不确定性。

（四）有效提升了财务信息的准确度

在传统的财务管理工作中，企业财务报告的编制主要是建立在基本的确认、计量、记录的基础上的，由于技术手段的缺乏与不完善，企业的财务数据、相关的业务数据作为企业管理中的重要资源，并未将其价值充分发挥出来，也并未引起足够的重视。特别是有的企业在进行决策时由于受技术条件的限制，对于决策需求的数据信息并未及时地、充分地得到收集、整理、分析、评价，导致数据之间的整理存在难度，数据的使用效率偏低，从而影响了企业财务信息的真实性、准确性、精确性、可用性。例如，很多财务管理的数据在为企业生成财务报表后就失去了它的作用和价值而处于休眠状态中。但是，大数据时代的到来，促进了技术的发展，企业可以高效率的处理、整合各种海量的数据，并从中挖掘更有价值、更能促进企业发展的数据，从而提升企业财务管理数据的准确性，使其向着科学化、标准化、规范化的方向迈进。

（五）全面促进财务人员的角色转化

大数据时代的到来，使得企业的财务管理人员摆脱了传统的角色性，不仅仅进行简单的记账、符合、报表分析等工作，而是向着进行高层次的财务管理工作的方向转变。传统的财务管理人员通过对报表数据的分析，简单的为企业的管理者、经营者、决策者提供数据依据。市场经济的发展、竞争的加剧，建立在财务报表基础上的简单的数据分析不足以满足信息需求者的需要。在大数据时代，企业的财务人员可以从不同的角度、不同的层面探寻企业发展所需的信息，彻底打破传统的 Excel 数据分析中所不能实现的数据分析难题，通过这些数据的本质看到企业在发展中的问题、现状，并及时地对企业的经营状况、经营成果进行客观的评价，从中揭示企业的不足，为转变经营者的思路提供明确的方向。

二、大数据对财务管理产生的积极影响

（一）提高账务处理效率，实现财务信息化

在传统的财务管理工作中，原始业务单据的采集、整编、手工录入、核对的过程重复烦琐导致企业财务信息时效性差、财务工作成本过高等问题。基于大数据思想产生的"财务云"概念使这些问题得到了有效的解决。"财务云"是将企业财务信息与云计算、移动互联网等计算机技术加以融合，实现财务共享服务、财务管理、资金管理三位一体的协同应用，显著提高企业财务数据处理的高效性与准确性，并将简单的财务数据进行加工，成为具有一定价值的财务信息，为企业的决策提供强大的数据支持。

（二）有助于实现成本控制与全面预算管理

一方面，手工核算由于自身的局限性，较多采用简便却不准确的计算方法进行成本核算，而"大数据"高效的计算速度使存货计价中的移动加权平均法、辅助生产成本分配中的代数分配法等较为贴近实际情况的核算方法得以广泛应用，提高了成本核算的准确度。另一方面，企业财务管理可通过对各种财务信息的采集，利用云计算平台处理得到各类详细的成本信息，构建成本控制框架，从而达到对原材料采购、运输、存储、生产及销售成本的全面控制，便于企业寻找正确渠道降低成本，从而提高企业成本经济效益。例如，在存储环节，利用 DBMS（OLTP）、File、HDFS 等数据中心对物料信息、库存数量、货位信息以及货区信息进行实时监测处理，以降低库存资金占有率，避免停工待料的情况发生，达到对成本控制的目的。

精确的成本信息能够有效支持企业的全面预算管理。成本控制基于合理预算，预算报告编制又基于成本信息，两者之间紧密联系。在大数据时代下，成本控制与预算管理不再是相互制约，而是共同促进，使企业在竞争中合理配置资源，不断发展壮大。

（三）有效规避企业财务风险

如今，各行各业正广泛应用大数据的"预测"能力，如体育赛事结果、经济金融发展、市场物价变动甚至个人健康状况都可以被准确预测。在企业经营管理中，由于各种难以预料或控制的因素，经常会带来流动性风险、筹资风险、投资风险以及信用风险等，导致企业蒙受损失，由此可见，大数据对于财务风险的预测能力在企业财务管理中尤为重要。例如，企业在计划对交易性金融资产、可供出售金融资产等投资时，确定其公允价值是关键，在大数据时代，企业能够从经济活动相关的工商、税务、银行和交易所等各个机构获取相

关数据，借助大数据处理技术合理预测现金流量、终值、折现率，从而降低投资风险。大数据技术下的信息处理系统，通过对资产负债率、应收账款周转率、资本金利润率等财务指标的监控，分析反映财务状况的实时数据，帮助企业做出关于投融资、信用销售等一系列决策，从而达到事前风险预测、事中风险控制、事后风险评价的目的。

三、大数据时代财务管理的新思路

（一）以顺应时代发展作为财务管理工作的总纲领

财务管理工作实务是在不断变迁的外部环境中发展起来的，并伴随着环境的变化而产生变革。因此，财务管理工作必须结合密切的时代背景、生活背景、社会背景，让财务管理的发展顺应时代发展的潮流。在大数据时代，人们获取数据信息的途径越来越简单、越来越快捷，因此，财务管理工作的开展必须以适应时代潮流作为总纲领。

（二）树立以人为本的重点工作

人力资源在知识经济时代成为企业竞争力提升的主要源泉，并在企业价值的创造与转移中起着至关重要的作用。传统的人力资源管理模式看似稳定，实际上隐患重重，很容易在员工中造成相互推诿、扯皮现象的发生。大数据时代的到来，信息的传递呈现出碎片化的现象，只有充分发挥人的主观能动性、创造性才能提高海量数据的生产力，因此，以人为本将对大数据时代财务管理工作产生影响。例如，长期以来，财务人员都脱离了企业的业务实际，坐在办公室中闭门造车，业务财务人员则实现了将财务与业务的完美结合。其要求财务人员必须深入打破企业的各个业务部门和环节，将业务信息直接转变为各种有价值的财务信息，为企业提供更为专业的财务分析。在这一方面，海尔集团的业务财务人员的成功转型就做得比较好。

（三）信息技术的支持将大大提升财务管理能力

现代信息技术的发展带动了物联网、互联网、企业内部网络之间的迅猛发展，也促进了大数据时代的发展。如果离开了信息技术的支持，针对大数据的收集、处理、输出、分析等将受到重重阻碍。因此，现代信息技术已经成为现代企业竞争中获胜的重要手段、成为击败对手的重要武器。例如，物联网就以其广泛的通信网络作为基础，实现了物联网与信息需求的结合。随着大数据时代的到来，先进的信息技术为了顺应企业经营管理者的需要而得到不断发展，企业的财务管理者在大数据背景下，降低了资金成本、提高了资金使用效率，为企业的发展带来了丰厚的利润。

总之，随着大数据时代的到来，企业选择数据、处理数据、分析数据、整合数据的能力将不断增强。面对新形势，企业的财务工作必须及时创新才能确保企业的健康、稳定、可持续发展。

第三节 大数据时代下企业财务管理的风险挑战

一、公司价值内涵与驱动因素的变化

企业财务管理的根本目标是实现企业价值最大化。但在财务管理理论和实践中，很多财务学者几乎将"公司价值"的概念等同于"公司股价"来理解，或者说公司市值（股价）是公司价值最直观的表达。由于对概念的混淆，"市价"成为财务决策与评价理论和实践的主要甚至唯一标准。现有财务原理认为，对于企业所有者、债权人、管理者等，企业的内涵价值多是由企业利润、现金流、净资产等决定，所以把市盈率 PE、市净率 PB、市销率 PS 或者现金流折现法 DCF 等作为公司估值的基本方法，强调未来的盈利、自由现金流和股利分红等能力是公司价值的本源。

然而，当今中外资本市场的股价表现，越来越游离于现行财务理论的价值主张。例如，腾讯控股 2014 年半年报显示，其净利润约为 122.93 亿元，其最新市值约为 9 124.50 亿元。而中国石化 2014 年上半年的净利润约为 314 亿元，但是市值只有近 6 000 亿元。再以国有四大银行为例，中国银行 2014 年前三季度是上市公司股东净利润最低的，但也达 1 311.33 亿元，最高的工商银行达 2 204.64 亿元，建设银行和农业银行前三季度的净利润分别为 1 902.98 亿元和 1 524.39 亿元。尽管盈利较高，但在市值方面，只有工商银行以人民币 9 688.67 亿元的 A 股市值，稍稍超过了腾讯控股市值。

由此可见，在大数据时代，投资者对公司价值的认知与判断，已经不再局限于企业现在或未来的利润、现金流、财务分红、营业收入等财务信息，更多的是基于企业的商业模式、核心竞争能力和企业持续创新能力，这些能力的强弱并非由股东财务投入或企业拥有的财务资源规模所决定。这些资源可以是点击率、用户群、信息平台等，甚至可以是数据本身。"根据预测，大数据挖掘和应用可以创造出超万亿美元的价值，数据将成为企业的利润之源"，拥有数据的规模、活性，以及收集、运用数据的能力，将决定企业的核心竞争力。

对当今企业成功与否的评判，也不再仅仅依靠财务指标，而主要是根据企业在市场中获取客户的能力。但是传统财务理论很少关注企业盈利模式问题，似乎这与商业模式无关。即使有相关财务理论提及"商业模式"这个概念，也都只是轻描淡写，因此这是财务理论导向上的缺陷。尽管在现实中，企业价值在很大程度上需要通过金融市场来反映，但是从根本上看，企业价值最大化的目标还是要通过在商品市场进行商业经营的过程中赢得有利可图的客户并形成独到的商业模式来实现。

其实，DCF 估值技术主要适合债券、优先股和其他固定收益的证券估值或者定期、定额分配股利的股票估值，不适合对具有明显增长机会和无形资产数额较大的公司进行估值，更不适合于研发投入较多的高科技公司和新经济企业。

根据最近两年资本市场的股价表现，创新、"触网（互联网）"是大数据环境对企业商业模式的基本要求。企业只有"触网"，才能充分利用大数据进行精细化的数据挖掘，实时把握差异化的客户需求，根据用户不同的兴趣和需求推出不同的产品或服务，持续改进用户体验。这种商业模式不以财务资本投入为关键驱动因素，而是靠技术创新、系统建设、品牌运作、服务提升、流程再造等无形资本的能力。

二、财务决策信息去边界化

前面提及的中石油的"大司库"系统和万达集团的"财务游戏要领"，尽管从名称上看，财务管理色彩还是比较浓厚的，但是从管理的内容上分析，它们已经大大超越财务资金管理、成本控制的范围，或者说这些财务管理的制度设计已经把财务管理、成本控制、预算体系、业务经营、项目管理等融为一体，并且在大数据的环境下将所有管理内容数据化、模块化。从财务决策与分析的信息类别来看，除了财务会计信息外，更多的是依赖行业发展信息、资本市场与货币市场信息、客户与供应商的信息、企业内部的战略规划、业务经营、成本质量技术研发、人力资本和业务单位的各种信息。

在大数据、互联网时代，企业获得决策信息的成本更低、速度更快、针对性更强，企业内部尤其是大型集团企业内部的各级子公司和分公司、各个部门和业务单元因长期独立运作而形成的"信息孤岛"被打破，实现了财务与业务信息的一体化。

在大数据背景下，若数据在企业内部不能互联互通、无法整合，就将影响企业对大数据的统一管理与价值挖掘过程。实现数据集中是利用大数据的第一步，因此，实现企业财务与业务一体化，打破传统财务信息边界是传统财务管理变革的必然方向。

三、投资决策标准变革

现行财务理论认为，一个投资决策是否可行，其标准在于是否能提高财务资本回报率或股东财务收益，当然货币时间价值是必须考虑的因素，所以财务学较为成熟的投资项目评估方法（如净现值 NPV、内部收益率 IRR 等）应用特别广泛，基本原理均是基于对投资项目预计现金流折现的判断。而在大数据时代，这些评估技术的弊端日益显现：一是表现在对预计现金流的估计上，如果对预计现金流的估计不准确，则可能会直接导致错误的投资项目决策；二是这些评估方法已经不适合对现金流较少或者未来现金流不明显、不明确的投资项目进行评价，或者说这些评价技术只适用于传统的重资产经营模式。

缺乏对企业战略的深度考虑和盈利模式的基本考虑是财务决策较为突出的问题。关于投资决策标准的变革，阿里巴巴执行副主席蔡崇信曾表示，"阿里在收购时有着清晰的战略目标和严格的纪律，投资时遵循三个标准。第一个标准是增加用户数量；第二个标准是提升用户体验，比如阿里与海尔合作，特别是和物流公司的合资，提升在白色家电领域的购物体验；第三个标准是扩张阿里的产品和服务种类，因为公司的长期目标是获得用户的更多消费份额。怎么样给用户提供更多服务和产品是阿里长期的目标"。

按照这种主张，不能再认为评估投资项目的可行与否是完全基于其未来盈利能力或现金流水平等，因为这并不是对当今投资项目的成功与否、有效性大小的驱动因素的深度、全方位挖掘。当然，这种挖掘在非大数据、互联网时代特别困难。而在大数据时代，企业可以得到海量、多样、准确的信息，比如客户与供应商的身份信息、相关交易数据、外界环境变化、行业前景等，这些信息是企业进行投资判断的重要依据。对相关的数据进行关联分析可以为投资决策提供依据，但对看似不相关的数据进行关联性分析，或许正是发现新的投资机会的便捷途径之一，沃尔玛啤酒与婴儿纸尿布的关联销售便是例子。

对大数据的利用可以解决投资项目评估方法的两个弊端。首先，大数据本身具备数据的规模性、多样性、高速性和真实性等特征，这将对现金流较多的投资项目估计的准确性提供保障。其次，对于现金流较少的战略性投资项目，大数据的利用不仅可以从传统财务角度进行考察，更多的能从企业获得的资源（顾客、产业链等）与前景（市场份额、行业地位等）等方面全面评估。除此之外，在对投资结果的验证与反馈方面，大数据技术的运用可以对项目投资中和投资后形成的新数据进行实时、准确、全面地收集并评价，进而将项目实施后的实时数据与投资前评估项目的预期进行对比，并将前后差异形成项目动态反馈。这种动态反馈在监控投资项目进行的同时，也可以帮助企业累积评估经验，提高企业未来项目投资的成功率。

四、公司治理创新

随着信息的频繁流动，传统企业想通过强大的体制控制力，或者利用信息不对称进行较为封闭的公司治理与财务管理的模式，越来越行不通了。

现实中，"触网"的企业基本上都以"合伙人制度"取代了公司治理中的雇佣制度。在互联网经营时代，公司成功因素"最重要的是团队，其次才是产品，有好的团队才有可能做出好产品""合伙人的重要性超过了商业模式和行业选择"。黎万强在《参与感》一书中还强调："员工要有创业心态，对所做的事情要极度的喜欢，员工有创业心态就会自我燃烧，就会有更高的主动性，这就不需要设定一堆管理制度或者 KPI 考核什么的""小米没有 KPI，不意味着我们公司没有目标。小米对于这个目标如何分解呢？我们不是把 KPI 压给员工，我们是合伙人在负责 KPI 的。我们确定 KPI，其实更多的是判断一个公司增长的阶梯，我到底到了哪个阶梯，因为我们需要把这个信息测算清楚，以后好分配调度资源。相比结果，小米更关注过程。员工只要把过程做好了，结果是自然的"。

Jensen（1993）提出公司治理的四种基本路径，包括内部控制机制、外部控制机制、法律与政治以及产品市场竞争。如今公司财务、金融市场之所以能够实现健康发展与有效运作，主要依赖于内部治理、外部监管等制度，以及企业重视"对经营者与员工的监督"。与此同时，企业却忽视了企业创新、产品竞争、公司文化的形成，忽视了信任和激励的作用。"从合伙人到核心员工，都要给予足够的利益保障、授权与尊重"。（黎万强，2014）

在大数据和互联网时代，知识和创新助力企业发展。"人力资本"和"信息"取代财务资本，成为企业的生命之源和价值之根。企业员工广泛参与决策制度也必然影响企业决策组织结构与决策文化。由于动态的外部环境、分散的知识分布等特点，分散式决策是大数据环境下决策的主要形式。企业应尽力减少内部管理层级，鼓励打破层级的交流，增强组织共享、服务协调、鼓励自主学习和尝试创新的文化，关注内部信息流、知识和技能，更胜于关心管理架构或决策体系。除此之外，随着企业对大数据价值分析与挖掘的逐步深入，财务决策机制应从业务驱动型向数据驱动型转变。企业员工运用一线大数据分析结果，形成基于数据决策的学习型企业文化与制度。

五、企业财务风险管理理论重构

对风险的识别与防控无疑是企业财务管理的核心与灵魂。财务理论中有关风险的核心观点与内容应该包括：（1）财务理论中所指的"风险"主要来源于数理分析中的"风险性和不确定性"事件。虽然有时候财务理论也强调"风险性"和"不确定性"之间的差异，但是在"主观概率的"引导下，几乎把"风险性"与"不确定性"等同起来看待；（2）财务理论大多关注如何"减低"企业流动性风险（偿付能力）等具体的风险；（3）在风险防范的对策方面，财务理论所提供的解决方法，一是对资本结构进行适当水平的动态调整，二是结合证券投资理念中的投资组合思想。巴菲特认为，学术界对风险的定义有本质错误，风险应指"损失或损害的可能性"（the possibility of loss or injury）而不是贝塔值衡量的价格波动性；用贝塔值衡量风险精确但不正确，贝塔值无法衡量企业之间内在经营风险的巨大差异。显然，这样的财务管理理论在风险与风险管理理念、内容和技术方面均存在缺陷，仅从数理角度去表达、计算以及探索风险防范的理论范式本身就存在较大的风险。因此，在大数据时代，财务风险管理理论需要在多方面进行重构。

第一，财务风险概念重构。财务风险是一个多视角、多元化、多层次的综合性概念。一个现实的、理性的财务风险研究理论应该是在对风险要素、风险成因、风险现象等不同财务风险层次的理解和研究的基础上形成的。

第二，风险防控对策重构，要特别关注各类风险的组合和匹配。如 Ghemawat（1993）指出，当经济处于低迷期，企业需要在投资导致财务危机的风险与不投资带来竞争地位的损失之间进行权衡。当经济处于萧条期，如果企业过度强调投资带来的财务风险，那将以承受不投资导致竞争地位下降的风险为代价。因此，企业需要根据对经济环境的判断，平衡投资财务风险和投资竞争风险。相比于流动性风险而言，企业对低盈利能力项目的过度投资和错失高盈利项目机会更可怕。

第三，风险评估系统重构。企业应降低对防范风险的金融工具的依赖。大数据背景下的财务管理理论应以实用为原则，围绕如何建立更加有效的评估企业经营风险状况的预警系统进行深入探讨，良好的风险预测能力是防范风险的利器。对企业经营风险的控制，需要企业开发基于大数据、能够进行多维度情景预测的模型。预测模型可以用于测试新产品、新兴市场、企业并购的投资风险。预测模型将预测分析学和统计建模、数据挖掘等技术结合，利用它们来评估潜在威胁与风险，以达到控制项目风险的目的。如万达集团基于大数据的预测模型，既是预算管控的最佳工具，也是风险评估与预防的有效平台。

六、融资方式调整

随着互联网经营的深入，企业的财务资源配置都倾向于"轻资产模式"。轻资产模式的主要特征有：大幅度减少固定资产和存货方面的财务投资，以内源融资或OPM（用别人即供应商的钱经营获利）为主，很少依赖银行贷款等间接融资，奉行无股利或低股利分红，时常保持较充裕的现金储备。

轻资产模式使企业的财务融资逐步实现"去杠杆化生存"，越来越摆脱商业银行总是基于"重资产"的财务报表与抵押资产的信贷审核方法。在互联网经营的时代，由于企业经营透明度的不断提高，按照传统财务理论强调适当提高财务杠杆以增加股东价值的财务思维越来越不合时宜。

另外，传统财务管理割裂了企业内融资、投资、业务经营等活动，或者说企业融资的目的仅是满足企业投资与业务经营的需要，控制财务结构的风险也是局限于资本结构本身来思考的。互联网时代使得企业的融资与业务经营全面整合，业务经营本身就隐含着财务融资。

大数据与金融行业的结合产生了互联网金融这一产业，从中小企业角度而言其匹配资金供需效率要远远高于传统金融机构。以阿里金融为例，阿里客户的信用状况、产品质量、投诉情况等数据都在阿里系统中，阿里金融根据阿里平台的大数据与云计算可以对客户进行风险评级以及违约概率的计算，为优质的小微客户提供信贷服务。

第四节　大数据时代下企业财务管理的变革路径

一、大数据背景下企业财务管理的变革

大数据有着巨大的数据量，它对于数据信息的存储量也在不断地增加。在这样的大数

据背景下，企业财务管理工作必然会受到深刻的影响。笔者在此将详细分析基于大数据时代背景下企业财务管理发生了哪些变革，具体阐述如下。

（一）企业情报挖掘系统

随着全球经济一体化趋势的日益加快，企业面临的内外部环境发生了较大的变化。它需要企业通过快速响应与大胆创新来获得内外部的渠道情报，从而构筑一个更具竞争力的战略决策体系。在大数据时代背景下，企业获得情报的主要外部途径有互联网渠道、竞争情报、客户数据、政策阅读、外部环境以及一些标杆性企业等。那么，从内部渠道来讲，企业可以通过对自身信息系统与门户网站等分析来挖掘出一些信息数据。当然，这些企业内部的数据信息应该要在内部的私有云上运行，可以大大提高这些数据信息的安全性与可靠性。这需要企业构建一个以计算关键技术为核心的大数据处理平台，从而为企业提供一个更为有效的数据管理工具。

（二）大数据智慧预测系统

企业在大数据时代背景下，要能够帮助企业从海量的数据信息中获得有效的信息，这就要求企业有一个大数据预测分析系统，要能够让企业从原先那种繁杂的数据监测与识别工作中解脱出来，为企业赢取更多的时间来进行决策与分析。事实上，这样的智慧预测系统有助于企业提高自身对海量信息的洞察力，并开发出很多新的产品，提高企业的运营效率与效果。它可以针对不同的客户提供自定义功能，让企业能够获得更高价值的客户，最大限度地降低企业的经营风险，提高企业的经营效益。

（三）大数据舆情监测系统

这个系统可以细分为舆情管理和舆情分析处理子系统。其中，舆情管理子系统可以对企业的各种信息进行全面性且不间断的监测与跟踪，尤其是能够追踪到一些热点事件，它可以对网络上的各种媒体形式，比如说微博、论坛等互联网网站进行监测与跟踪。舆情分析处理子系统则是针对一些特殊的事件与专题，对其相关信息进行分类加工，尤其是要对一些负面信息进行甄别，提高企业的主动应对能力。这样的监测系统可以帮助企业提高对海量信息的选择与应用能力。

（四）大数据用户评价互动系统

这种评价系统就是充分利用智慧语义感知技术来给大数据用户提供一个一站式的用户评价功能，在及时收到用户反馈信息的同时给出一定的回复，从而实现与用户之间的良性互动。在这个评价互动系统中，主要包含用户评价实时聆听、用户评价自动分析、用户评价挖掘以及用户评价的机器互动四个方面，从而让大数据用户为企业的财务管理工作提供一个更为全面、自动且实时的互动系统，有利于提高企业财务管理中的信息质量。

二、大数据背景下企业财务管理变革的基本路径

大数据作为一种全新的科技产物，它为企业财务管理工作开启了一种全新的思维方式，开辟了更为广阔的发展空间。它使企业财务管理不再局限于传统的模式与理念，而是向着更为广泛的领域延伸。比如说，可以让企业财务管理工作渗透到销售、研发、人力资源等多个领域中。它也让企业的财务管理工作的定位与任务发生了一定的改变，跟企业相关的一切数据收集、处理与分析都可以作为企业财务管理的主要内容。因此，我们说大数据时代下的企业财务管理把一些传统财务管理中不包含的内容纳入进来，可以称之为大财务。它对企业财务管理工作产生了革命性的影响，从而引导企业财务管理走上变革之路。具体的变革路径阐述如下。

（一）企业管理会计的面貌将实现重塑

大数据下的企业财务管理工作将以大数据作为基础，在企业内部开展全面预算管理、资金集中管理与内部控制等，从而让企业财务管理工作能够高效且顺畅地进行下去。这就让企业的管理会计工作能够超越传统的财务会计的局限性，可以为企业提供决策与管理的可靠依据，提高企业的价值。

（二）企业的财务管理工作更具前瞻性与智慧性

大数据下的企业财务管理工作由于有了大数据的有效支撑，可以让企业在进行决策的时候充分挖掘出海量数据信息中有用的部分，可以引导企业做出更为准确的财务管理，减少企业面临的潜在风险，并对企业的未来发展做出较为准确的预测。大数据时代下企业还可以充分利用大数据技术让财务管理人员对企业的财务管理工作进行量化分析，对不同流程与不同方案中的各种收入与风险等提供最优化的企业财务管理方案，并让其更具洞察力与智慧性。

（三）企业更易实现财务创新

大数据时代背景下，企业的财务管理工作可以大大减少企业中一些信息不够对称的问题，显著提高企业的经济效益，增强股东对企业管理层的约束与监督。这是因为大数据可以让企业的信息数据更为均等地分布开来，并可以接受网络监督与其他企业的监督，并通过智慧性的大数据信息来驱动企业创新，挖掘出企业最大化的价值增长机会，并让企业的决策更具战略性与决定性。这样的大财务将使得企业的管理工作更加精确与智能化，提高企业的市场竞争力。

三、大数据背景下企业财务管理创新的路径

大数据时代下，企业经营管理过程中接触的数据量越来越大、数据类型越来越复杂，传统的财务管理已经不能满足新经济形势的需求。因此，财务管理需要做出适应性的转型，"大数据"这一热门词汇的风靡，使社会各领域都开始关注它，这也为企业的财务管理工作开辟了一种崭新的思维模式，延伸了传统的财务管理领域。在大数据时代背景下，为了实现企业财务管理的成功转型，推动企业健康持续发展、提升企业价值，具体的财务管理创新路径阐述如下。

（一）培育大数据管理意识

随着信息的大爆炸，大数据的横空出世，大数据的影响逐渐渗透到社会的各个领域，大数据已经来临，未来也不可能消失，企业需要做的就是抓住大数据带来的商业机遇，增强竞争实力，抢占先机获取更多的市场份额。而目前大多数企业对大数据的重视不够，不能够意识到企业环境的大变化，不能够从大数据中发现优势，在未来的竞争中胜出对手。财务管理肩负着企业管理的重要责任，大数据时代使得未来的财务管理是基于大数据，因此，可以通过培育管理层的大数据管理意识，达到引导带领企业员工的作用，使企业上下都树立起大数据意识。

（二）创新企业财务管理组织结构

组织结构是支撑产品生产、技术引进、经济活动和其他企业活动的运筹体系，是企业的"骨骼"系统。过去企业的财务管理组织结构大多采用职能部门化，通常设有财务部、会计部、资金部等部门。大数据时代的来临，企业财务管理组织结构要做出适应性的变革，主要有以下三个方面：一是基于原有财务管理组织结构，在财务管理组织内部需增设专门的部门，管理所有的财务数据、非财务数据等大量的商业数据，管理财务大数据中心开发平台；二是考虑到传统财务人员自身能力的局限性，在财务管理专门部门中配备适当比例的数据分析人员，他们通过运用统计学分析、商业智能化、数据分析处理等技术，从海量的数据中挖掘出潜在的、有价值的、有意义的信息，为企业管理者做出正确的决策提供数据支持；三是大数据的横空出世，使财务管理摒弃了以往孤立工作的理念，更多地进行跨部门的合作，财务部门与企业其他业务部门的联系更加的密切，财务数据的数量更大、类型更多样性、来源更加广泛，大数据下的企业财务管理需要企业全员的广泛参与。

（三）建立财务管理信息化制度

大数据时代带来信息化、网络化的飞速发展，为了适应信息化的新经济形势，提出了建立财务管理信息化制度的想法，这不仅需要开放的网络信息环境、统一的财务制度，还

需要搭建财务大数据中心平台和配备专业人员。

具体来说：一是网络信息环境。企业内部情况和外部环境变化是网络信息环境考虑的基本因素，另外还包括考虑国家政策、行业特点、人力资源、物力资源等多种因素。二是统一的财务制度。采取统一的财务制度，可以对资金的流动进行有效的管控，提高资金运营管理的效率，确保资金的安全性和完整性，同时可以在很大程度上防止财权的分散和弱化。三是财务数据中心平台。企业通过应用大数据技术，积极构建财务大数据中心平台，管理财务数据和非财务数据等，运用数据仓库、数据挖掘等关键技术，可以从大量的数据中分析提取出有价值的信息，为企业管理层提供实时、准确、完整的信息，有利于企业更有效更准确地进行财务管理工作，防范企业所要面临的潜在风险，从而可以对企业未来的发展做出更具前瞻性、智慧性的预测。四是配备专业人员。重视人力资源，加强培养企业员工的信息化素质，同时企业需要配备大数据专业技术人才。

（四）构建财务管理智能系统

大数据包含的信息价值巨大，但密度值很低，所以大数据的焦点是从海量数据中挖掘潜在有价值的信息。而商业智能正是通过运用数据仓库、数据分析、数据挖掘等先进的科学技术，将海量的数据快速及时地转化成知识，为企业的决策和战略发展提供信息支持。因此，商业智能是大数据的核心应用。当今，大数据时代带来了信息大爆炸，企业要想在激烈的市场竞争中脱颖而出，决策速度和准确度的重要性毋庸置疑，而财务管理是企业管理的核心，直接反映着企业的经营状况。因此，在财务管理方面运用商业智能，通过新技术方法，将财务大数据快速及时地转化为可为决策提供支持的有价值的信息，构建财务管理智能系统变得非常重要，成功地将企业财务管理与商业智能相结合。下面将从四个方面阐述财务管理智能系统的具体应用。

1. 财务分析

针对企业过去的及现在的财务大数据，财务分析系统能够采用数据挖掘分类技术和预测技术等，对其进行更加深度的加工、整理、分析及评价，从而全面准确地了解企业的筹资活动、投资活动、经营活动的偿债能力、营运能力、盈利能力及发展能力状况，为企业的投资者、债权者、经营管理者和其他关心企业的组织及个人认识企业的过去表现，评估企业的现在状况，预测出企业的未来形势，做出正确的决策和估价提供了及时准确的信息依据。

2. 财务预测

财务预测的内容包括资金的预测、成本和费用的预测、营业收入的预测、销售额的预测、利润的预测等，为财务人员掌控未来的不确定性提供参考帮助。在大数据时代下，财务预算系统的建设能够实时监控财务预算的执行和完成情况，从而适应经济市场环境的变化，不断调整和完善财务预算方案，提高企业的随机应变能力。财务预算系统采用商业智能中的回归、神经网络等技术，其功能不断地完善，能更迅速、更准确地预测企业未来的财务状况和经营成果。

3. 财务决策支持

财务决策是选取与确定财务方案、财务政策，其目的是确定最让人满意的财务方案。财务决策内容主要有筹资决策、投资决策、股利分配决策等等，这些内容都可以通过财务决策支持系统来完成，并运用前沿商业智能技术，从海量的财务大数据中提取相关数据，并进行数据联机分析处理，为管理层决策提供支持。

（五）提升数据管理水平

企业的数据是其拥有的十分重要的资源，以往数据的价值可能被忽视，企业领导和员工没有认识到"大数据"将是未来企业竞争的制胜法宝，如有些重要的数据不能够及时、充分地被汇集起来，影响企业的决策；数据缺乏统一的分类标准，使得数据整合工作面临很大的困难；过去的大量数据失去后续的利用价值等等。而大数据时代的到来，使我们意识到数据的重要性，同时也给财务管理创新带来了新的方向，即应加强数据的收集、存储、分析、应用，提升数据管理水平。

一是数据收集。大数据时代，财务管理活动将更多地依靠数据，用数据说话，拥有庞大的数据资源是财务管理的基础。过去财务管理活动中，常会出现掌握的现有数据难以满足决策的需要，影响决策的效率。因此，应加强数据的收集，为财务管理活动提供更广泛的数据资源。一方面，政府要积极引导企业的会计信息化工作，给企业提供技术方面的支持，帮助企业更好地加强数据的收集和利用；另一方面，企业自身应把数据规划工作做好，建立适合企业实际情况的数据收集框架体系，在此基础上开展数据收集活动。

二是数据存储。大数据时代，数据迅速膨胀，形成庞大的数据洪流，企业在数据收集阶段所获取的数据量非常庞大，企业目前的数据存储软件和硬件技术难以满足新需求，这会在很大程度上降低数据分析和应用的效率以及质量。因此，需要建立良好的数据库。一方面，涵盖大数据技术的先进存储服务器做硬件保障；另一方面，企业要做好数据库结构规划设计，针对数据要素制定统一的分类标准。

三是数据分析。大数据的重要意义在于其潜藏的价值信息，而数据挖掘、数据分析能够有效、及时地使我们深入数据内部，精练数据，挖掘价值。现代财务管理活动在数据收集、数据存储阶段已经汇集了大量的数据，接下来运用大数据分析及挖掘技术，从巨大规模的数据中，有效率地寻找出有价值的信息，能够帮助需求者更好地适应变化，做出的决策更加高效，更加明智。

四是数据应用。目前，企业对大数据的需求越来越迫切，未来企业竞争的关键是数据资源。财务数据和相关的业务数据不仅仅只是企业经营活动的记录符号，还是企业价值创造的助推剂。企业财务管理中应充分发挥大数据的优势，利用大数据分析及挖掘产生的有价值信息，辅助经营管理决策，间接地推动企业业绩的增长。

（六）建设大数据财务人才队伍

在大数据技术的助力下，财务管理者可以有效地提升财务管理的水平，降低资金成本，给企业带来更多利润。由此，大数据提供财务人士更多创造人生价值的机会。同时，随着大数据技术的不断成熟，改变了企业的经营管理模式，这对财务管理人员的能力和素质提出了更高更全面的要求，财务人员开始由财务专才向业务全才转型，大数据时代下的财务人员不仅需要掌握会计学、财务管理等专业领域的理论知识，还需要对统计学、计算机科学、设计学等方面的知识进行学习和掌握，提高综合能力素质，为提高大数据技术在财务管理中的应用水平提供广泛的专业知识支持。但是当前很多企业都缺乏相应的人才储备，而现有财务队伍能力素质普遍较低，难以实现对财务大数据的分析和挖掘，不利于企业做出及时准确的决策。所以，在大数据时代，随着信息和网络技术的快速发展，企业应加强培养员工的信息化素质，加强培训财务人员熟悉多层次的信息技术系统及掌握相对应的业务知识，全面提高企业财务人员的综合能力，着力建设大数据财务人才队伍，使企业能够真正运用大数据技术集中、分析、整理、传递财务资源，从而帮助企业管理层做出最优的财务决策。

第八章 新时代背景下大数据企业财务风险预警与管理

第一节 大数据引发的财务数据风险

一、大数据与财务信息

由于大数据的技术支持，企业决策能够获得更多的有用信息，并对这些信息进行有效分析，对财务流程、投资方案所带来的成本、收入和风险进行研究，选择能够使企业价值最大化的最优方案和流程，帮助企业减少常规失误，进一步优化企业内部控制体系，最大限度地规避各种风险。大数据时代将为企业筹资、投资、营运、利润分配等各项业务提供更精准、全面的风险源数据，借助智能化内部控制和风险管理系统，财务人员能更好地完成对数据的提炼、分析与总结。大数据时代智能化信息系统还可自动计量风险资产，对公司各类资产进行盈利能力分析、偿债能力分析、敏感性分析、流动性分析等，并形成分析报告，给财务人员提供帮助。但是，大数据时代的到来，也引发了企业财务信息数据的风险。

二、收集宏观数据的风险

（一）数据管理的风险

风险管理的职能在于建立适合公司的风险管理体系，包括风险点识别、风险估测、风险评估、风险监控技术及风险管理结果检测，从而将风险控制在可影响的范围内，保证企业的健康可持续性发展。面对日益发展的宏观经济环境，风险管理在企业财务管理中占据越来越重要的地位。企业面临的风险日益提高，企业环境的不确定性，将是一种常态。经济周期、资源的竞争、内外部环境的变化都会对企业形成不确定、不可避免的外部环境。

大数据时代，数据产生的增值效益日益突出，因此对数据管理提出了更高的要求。企业财务数据管理风险主要表现在因数据管理不到位造成的各种不良后果，表现在财务系统因病毒、网络攻击、火灾及自然灾害等情况造成的无法正常使用上；因管理不善造成的财务数据丢失、数据遭篡改，造成数据不能正常使用上。这就要求企业在财务数据管理方面：

一是要加强制度建设，建立异地备份等管理机制，特别是要考虑当前企业运转条件下信息系统一体化的数据安全问题；二是要加强信息安全管理，通过可靠的杀毒系统、系统防火墙建立可靠的信息安全屏障；三是要明确数据管理人员的职责，建立数据管理牵制机制。

（二）数据质量风险

大数据时代企业所要处理的数据比较多，但数据的质量往往参差不齐，如有些数据不一致或不准确、数据陈旧以及人为造成的错误等，通常被称之为"脏数据"。由于数据挖掘是数据驱动，因而数据质量显得十分重要。"脏数据"往往导致分析结果的不正确，进而影响决策的准确性。由于大部分的数据库是动态的，许多数据是不完整的、冗余的、稀疏的，甚至是错误的，这将会给数据的知识发现带来困难。由于人为因素的存在，如数据的加工处理以及主观选取数据等，会影响数据分析模式抽取的准确性。大量冗余数据也会影响到分析的准确性和效率。

因此，在大数据时代，不能不计成本盲目地收集各种海量的数据，否则将成为一种严重的负担。数据的体量只是大数据的一个特征，而数据的价值、传递速度和持续性才是关键。总之，在大数据时代，通过对数据质量的控制和管理，可以提高数据分析的准确性。数据应用成为整个数据管理的核心环节，数据应用者比数据所有者和拥有者更加清楚数据的价值所在。由于数据的爆发性增长，在大数据时代宏观数据的质量直接关系着甚至决定了数据应用的效率和效果。企业采用宏观数据质量风险主要表现在由于数据不准确造成错误的分析结果，误导管理层；因宏观数据不完整造成决策支持效果不佳。这就要求企业在数据采集、处理和应用的过程中必须确保数据的质量。而在衡量数据的质量时，要充分考虑数据的准确性、完整性、一致性、可信性、可解释性等一系列的衡量标准。

三、收集内部数据的风险

（一）成本数据的完整性

风险管理与企业内部控制的内容紧密联系，风险管理的风险处理点是内部控制的着力点，高效的内部控制会使企业对外部环境有更好的适应性，极大地降低了企业的风险发生率。成本的高低是企业获得市场的一个很关键的因素。大数据时代下，专业的成本控制与分析人员不仅要具备一定的财务专业知识，还需要深入企业了解企业的工艺流程、生产过程、整个内控流程，关注生产效率、报废率、各种成本的差异、各种费用的合理使用情况，通过大数据技术，及时采集到与企业成本相关的数据，并应用于成本控制系统，进行分配与归集、分析成本构成，从而达到对公司进行有效控制的目的，为公司的决策提供依据。因此，企业应用大数据技术进行风险管理时，将会提供更为全面、准确的业务数据，借助财务云的智能化处理系统，准确地对风险进行分析与总结；大数据技术下的信息化处理系统，可自动评估企业风险，对各资产情况进行智能分析，得出风险分析报告，帮助企业更高效地进行风险管理；同时，实现事前的风险预测、事中的风险控制及事后的风险管理。大数据处理系统可以在很大程度上提高企业风险管理的前瞻性。基于大数据技术的处理系统，企业能够获得更多有效的实时性的信息，可以帮助企业对投融资、收入、支出及风险控制等进行研究，从而对企业的运营决策进行指导，减少企业的无效流程及成本，优化企业的管理体制，进行有效的内部控制，尽可能规避企业的经营风险。

（二）财务数据应用风险

传统数据管理的重心侧重于数据收集，而在大数据时代，数据应用成为整个数据管理的核心环节，数据应用者比数据所有者和拥有者更加清楚数据的价值所在。企业数据应用风险主要表现在对高质量数据的不当应用上，如使用了错误的财务分析模型，甚至是人为滥用造成偏离数据应用目标的情况；在应用财务数据过程中因管理不到位或人为因素造成企业商业机密泄露。这就要求企业高度重视大数据的应用管理，首先是要明确数据应用管理的目标，并建立高效的数据应用管理机制，以确保数据应用效果；其次是要通过明确数据应用者的管理职责，加强数据应用过程中的核心信息管理，确保企业核心商业机密的安全性。

（三）财务数据过期风险

传统数据管理强调存在性，即只要能获取数据并能满足企业的要求。而在大数据时代，企业对数据时效性的要求空前提高。企业财务数据过期风险主要表现在对数据的时效性管理不到位、财务数据反馈不及时造成决策不及时、贻误商业机会等情况。这就要求企业要从战略导向出发，高度重视数据应用的时效性管理。一方面在财务数据获取环节要充分考虑时间的及时性和可靠性；另一方面要在数据应用环节注意对数据的甄选，确保财务数据必须更多地立足当前，面向未来。只有这样，才能帮助企业在瞬息万变的市场环境中充分发挥作用。

四、企业会计信息的风险

（一）共享平台建设略显滞后

为了推动会计信息化的蓬勃发展，我国早在 2004 年就制定并发布了《信息技术会计核算软件数据接口》（GB/T19581—2004）国家标准。2010 年 6 月又发布了更新版的《财经信息技术会计核算软件数据接口》（GB/T 24589—2010）系列国家标准。随着国际上以 XBRL（可扩展商业报告语言）为基础的会计数据标准的产生，我国于 2010 年 10 月发布了《可扩展商业报告语言（XBRL）技术规范》（GB/T 25500.1—2010）系列国家标准和《企业会计准则通用分类标准》。由此可见，我国在会计数据标准的制定和应用方面始终走在国际的前沿，尤其是 GB/T 24589—2010 系列标准，不仅包括会计科目、会计账簿、记账凭证、会计报表，还涵盖应收应付、固定资产等内容，填补了国内标准化方面的空白，即使在国际上也处于领先地位。

大数据环境下，云会计的推广和应用为企业带来许多益处。企业用户与云会计服务商签订使用协议，并按期支付费用以后，就可以获得海量的存储空间，将各种会计信息存放到云端，同时软件的开发和维护也全部由云会计服务商负责，企业用户的运行成本及维护成本大幅下降。云会计可以让企业将工作重心转移到经营管理上，而将会计信息化的基础建设和软件服务工作外包给互联网企业，这种模式所带来的优势和效率显而易见，将推动企业管理模式的转变和思维模式的转变。与此同时，要在企业中推广云会计的应用，还存在急需突破的困境，这些困境不但制约云会计服务商的发展壮大，而且无法消除企业采纳云会计的种种疑虑。

现代会计信息化的发展依赖于共同资源共享平台的建设，如云会计的发展主要依赖于云计算平台的技术发展。对于云计算供应商来说，在可扩展性较强的云计算模式下，他们在通过专业化和规模经济降低提供软件服务成本的同时，需要依靠大数量的用户提高自己的经济效益。

但面对客户的需求要提供一套与中小企业用户相符的会计信息化系统，这就需要进行大量的前期准备工作，主要是对用户的需求进行综合分析。不同于传统的按需定制软件，云计算供应商要求能够满足不同用户、不同地域和不同业务规则的需求，所以对服务的适应性、扩展性以及灵活性要求非常高，在技术上也提出更高的要求。因此，云计算平台建设的资金起点和技术水平较高，研发周期较长且风险较大。

目前，知名的云计算平台几乎都来自美国，如谷歌、亚马逊、Salesforce.com、Facebook等，同时微软、富士通、IBM、SAP等IT成熟公司也建有企业内部的云计算平台。相比国外先进的云计算技术平台，我国刚刚开始起步的自主研发财务会计信息化的云计算平台尚待成熟，且应用推广力度不够。国外开发的云计算平台，由于众所周知的原因，广大的企业并不放心将企业的经济数据及会计数据放到这些外部平台系统上。而国内的云会计平台建设滞后，也使云会计这种新型会计信息化模式发展面临巨大的障碍。由于云会计的建设较多依赖于云会计服务提供商，而云会计服务提供商的专业能力和售后服务质量直接影响云会计的应用效果。一旦云会计服务提供商技术支持响应不及时，或者停止运营，就可能对企业的正常运营造成破坏性的影响。因此，云会计平台建设的滞后直接影响会计信息化的发展速度。

（二）数据标准缺失困境

目前尚没有明确的指导性和约束性文件，云会计服务商只是凭着商业逻辑开发相关的软件并提供硬件基础服务，用户也只是根据自身需要选择相应的服务，至于是否符合未来云会计数据的要求，则无暇顾及。各厂商在开发产品和提供服务的过程中各自为政，为将来不同服务之间的互联互通带来严重障碍。例如，用户将数据托管给某个云会计服务商，一旦该服务商破产,用户能否将数据迁移至另一个云会计服务商?如果用户将数据同时托管给多个云会计服务商,能否便捷地执行跨云的数据访问和数据交换?目前在数据的处理标准方面还没有具体的突破,尤其是在数据汇集以后,如何整理、如何分析、如何访问,是三个密切联系又急需解决的问题。

在大数据环境下,数据该如何共享,如何保持一致性,也必须有标准来支撑。另外,数据的质量标准是保证数据在各个环节保持一致的基础,这方面的缺失使数据的应用范围受到极大约束。由于数据标准的缺失,导致云会计的应用及服务标准也难以制定,如何对不同云会计服务商提供的服务进行统一的计量计费?如何定义和评价服务质量?如何对服务进行统一的部署?这些问题也使得云会计的普及举步维艰。

(三)安全问题困境

云会计的安全不仅涉及当事企业,也与许多第三方企业的利益息息相关,这个问题解决得好,可以极大地促进云会计的发展,否则将使涉事企业面临经济、信用等多方面的巨大损失。一是存储方面的安全问题,云会计的存储技术运用虚拟化及分布式方法,用户并不知道数据的存储位置,云会计服务商的权限可能比用户还要高,因此云会计的数据在云中存储时,如果存储技术不完善,那么会计信息将面临严重的安全隐患。二是传输方面的安全问题,传统的会计数据在内部传输时,加密方法一般比较简单,但传输到云会计服务商的云端时,可能被不法用户截取或篡改,甚至删除,将导致重大的损失。

目前,我国网络会计信息化应用软件所采用的主要比较简单,安全系数较低,其密码很容易被互联网中的监听设备或木马程序等病毒截获。此外,在身份认证管理方面,由于个别数据库管理员(DBA)或会计操作人员缺乏对系统用户口令安全性的认知,为了操作方便往往采用电话号码、生日号码等作为操作密码,这些数字口令极易被网络黑客破译,给系统留下了安全隐患。

在云会计中,企业的各种财务数据通过网络进行传递,数据的载体发生了变化,数据流动的确认手段也出现了多种方式,这时加强数据加密工作是云会计安全运行的关键。

事实上,在我国网络会计系统中数据的加密技术仍然不是非常成熟。大多数软件开发商在开发软件时,数据密钥模块的设置过于简单。加密则主要是对软件本身的加密,以防止盗版的出现,很少采取数据安全加密技术。虽然在进入系统时加上用户口令及用户权限设置等检测手段,但这也并不是真正意义上的数据加密。

网络传输的会计数据和信息加密需要使用一定的加密算法,以密文的形式进行传输,否则信息的可靠性和有效性很难获得保障。在数据没有加密的情况下,数据在互联网中传输容易出现安全性问题,企业竞争对手或网络黑客可以利用间谍软件或专业病毒,突破财务软件关卡进入企业内部财务数据库,非法截获企业的核心财务数据,并可能对传输过程中的数据进行恶意篡改。企业最为机密的核心财务数据遭黑客盗窃、篡改,或是被意外泄露给非相关人员,这对企业无疑是致命的。

第二节 大数据在企业进行风险管理中的应用

一、企业集团依托信息系统开展风险管理的主要模式

（一）企业集团统一实施 ERP 信息系统

当大型企业集团进入相对平稳的发展阶段，为了规范业务流程和防范风险，通常会采用实施 ERP 信息系统的方式固化业务流程、强化计划执行并辅助公司决策，进而实现对企业资源高效利用的目标，而这种模式也为许多专业的 ERP 软件公司提供了市场机会。目前，我国的大型企业集团主要采用了 SAP、Oracle 等国际主流的 ERP 软件和配套服务，同时也在一些专业领域采用了浪潮、用友等国内相对成熟的管理软件。

通过采用成熟的 ERP 软件和配套服务，企业集团一方面节约了自行开发信息系统的时间和精力；另一方面，也在实施 ERP 项目的过程中，引进了同类行业成熟的管理理念和流程。统一实施 ERP 系统的另一好处是，通过实施标准化的流程进而形成了标准统一的"结构化数据"，未来就可以直接运用基于标准化数据的大数据分析平台进行分析，为经营决策提供高效支持。

在大数据技术广泛应用的当下，国内外 ERP 软件服务也在与时俱进。例如，SAP 公司近期就推出了基于 ERP 软件的大数据分析平台——SAP HANA，其实质就是先把企业的"大数据"全部统一到 SAP 的"标准框架"下，然后再进行高效的分析处理。在大型企业集团的实践中，由集团总部统一实施 ERP 信息系统也是基于这个理念，通过把企业的全部生产经营活动转化成唯一的"数据语言"，实现了企业集团数据标准的整齐划一。

（二）基于企业集团的各类原始数据搭建大数据分析平台

在企业集团对公司架构的"顶层设计"相对完善的前提下，推进实施统一的系统是一种较为简单的模式，但在实际情况中，推行"大一统"信息系统面临着诸多挑战。第一，企业集团的成员单位在业务模式和管理架构方面存在差异，许多个性化的管理需求难以通过一个信息系统得到完全满足；第二，一些企业集团通过兼并重组其他企业实现了快速发展，但在兼并后的业务整合既有可能影响原有管理架构和业务流程，也为 ERP 信息系统的整合带来了挑战；第三，企业集团的"顶层设计"是一项系统性工程，而在"顶层设计"尚不完备的情况下，是先满足业务发展的需求在集团一定范围内实施 ERP，还是"顶层设计"方案完成后再自上而下推进实施，许多企业集团都面临实际的两难选择。

不过，随着大数据分析技术的快速兴起，通过搭建大数据分析平台的企业风险管理模

式，将可能成为解决上述难题的一条捷径。大数据的"大"不仅体现在数据的"量"（Volume）上，还同时表现为"即时性"（Velocity）"多样性"（Variety）和"不确定"（Veracity）的特征，即大数据的"4V"。当企业集团处在多个 ERP 系统并行、信息管理系统林立的情况下，实际就面临着数据结构不一、结构化数据和非结构化数据并存的庞杂局面。大数据分析正是将这些来自历史的、模拟的、多元的、正在产生的庞杂数据，转化为有价值的洞见，进而成为企业或组织决策辅助的选项。

二、企业风险管理中应用大数据分析技术

（一）金融行业风险管理应用大数据

通过应用大数据分析技术，金融企业的竞争已在网络信息平台上全面展开。说到底就是"数据为王"：谁掌握了数据，谁就拥有风险定价能力，谁就可以获得高额的风险收益，最终赢得竞争优势。近一段时期，蓬勃兴起的大数据技术正在与金融行业，特别是"互联网金融"领域快速融合，这一趋势已经给我国金融业的改革带来前所未有的机遇和挑战。

目前，中国金融业正在快步进入"大数据时代"。国内金融机构的数据量已经达到 100TB 以上级别，并且非结构化数据量正在快速增长。因此，金融机构在大数据应用方面具有天然优势：一方面，金融企业在业务开展过程中积累了包括客户身份、资产负债情况、资金收付交易等大量的高价值数据，这些数据在运用专业技术进行挖掘和分析之后，将产生巨大的商业价值；另一方面，金融行业的高薪酬不仅可以吸引到具有大数据分析技能的高端人才，也有能力采用大数据的最新技术。

具体来说，金融机构通过大数据进行风险管理的应用主要有以下两个方面：

第一，对于结构化数据，金融机构可运用成熟的风险管理模型进行精确的风险量化。例如，VaR 值模型目前已经成为商业银行、保险公司、投资基金等金融机构开展风险管理的重要量化工具之一。金融机构通过为交易员和交易单位设置限额，可以使每个交易人员确切地了解自身从事的金融交易可承受的风险大小，以防止过度投机行为的出现。

第二，对于非结构化数据，金融机构根据自身业务需要和用户特点定制和选用适合的风险模型，使风险管理更精细化。例如，在互联网金融的 P2P 借贷平台"拍拍贷"中，确保其开展业务的核心工作就是风险管理，而进行风控的基础就是大数据。基于客户多维度的信用数据，风控模型将会预测从现在开始后 3 个月内借款人的信用状态，并以此开展借贷业务。

（二）企业集团开展风险管理应用大数据

相比金融行业，以能源、机械制造、航运为主业的企业集团所产生的大数据的庞杂程度则相对较低，有利于直接采用成熟的大数据分析技术开展风险管理。一方面，因为工业企业所采用的信息系统一般都是大型软件厂商的标准 ERP 系统，产生的数据也多为结构

化数据，便于直接用于分析决策；另一方面，传统行业在利用数据进行辅助决策的过程中，通常还是基于"因果关系"对可能影响企业生产经营的重要指标数据进行关注，而许多被认为"不重要"的数据并没有被采集到企业的信息系统之中，这就会使大数据的价值实现打了折扣。

要在企业集团推进全面风险管理，不仅需要通过企业的 ERP 信息系统采集被认为"重要"的各类结构化数据，还需要对网页数据、电子邮件和办公处理文档等半结构化数据，以及文件、图像、声音、影片等非结构化数据进行及时有效的分析，才能够充分客观地掌握企业集团的全貌，让企业和组织结合分析结果做出更好的业务决策，从而真正实现全面风险管理的目标。

具体而言，大型企业集团运用大数据开展风险管理将会有以下几方面的好处。

第一，可以有效防范金融市场风险。例如，随着我国利率市场化的加速推进，企业集团面临的利率风险日渐显著。在 2013 年 6 月出现的"钱荒"给许多企业集团的资金管理造成了不小的影响，而借助金融大数据并辅以模型分析，企业集团可以进一步提高利率风险的管理水平，提前防范金融市场风险。

第二，可以有效降低信用风险。虽然国有企业面临的信用风险总体水平较低，但是在信用风险模型建立和风险预警系统的建设方面，我国的企业集团目前仍有较大的改进空间。集团总部可以调整单纯依靠下级企业和客户提供财务报表来获取信息的方式，转而对资产价格、账务流水、相关业务活动等流动性数据进行动态和全程的监控分析，从而改进企业的信用风险管理。

第三，能够降低企业管理和运行成本，降低操作风险。通过大数据的分析应用，企业集团可以准确地定位内部管理缺陷，点的管理模式，进而降低管理运营成本。以有效识别业务操作中的关键风险节点，提高整个业务流程的运行效率。制定有针对性的改进措施，实行符合自身特征外，通过对数据的收集和分析，企业还可借此改进工作流程以降低操作风险。

三、企业集团运用大数据进行风险管理的实施路径

运用大数据进行风险管理，实质上就是企业集团在应对各领域数据的快速增长时，基于对各类数据的有效存储，进一步分析数据、提取信息、萃取知识，并且应用在风险管理和决策辅助上。一般而言，运用大数据技术和大数据分析平台进行风险管理和价值挖掘要经过以下几个步骤。

（一）实施数据集中，构建大数据基础

要让企业的大数据发挥价值，集团总部首先要能够完全掌握全集团已有的和正在产生的各类原始数据。因为，只有先确保数据的完整性和真实性，才能通过足够"大"的数据

掌握集团的实际运行情况,而这必然意味着集团总部要求成员单位向总部进行"数据集中"。相应地,集团总部也需要"自上而下"地搭建数据集中的软硬件设施、数据标准和组织机构。

具体而言,企业集团必须要完成前期的一系列基础性工作:(1)建立用于集中存放数据的数据库或"企业云";(2)明确需要成员单位"自下而上"归集的数据类型和数据标准;(3)建立专门的管理机构,负责数据库的日常维护和信息安全。

(二)搭建分析平台,优化大数据结构

在实现了"大数据"集中后,还必须解决不同结构的数据不相容问题,才可能充分利用企业集团的全部数据资源。基于前文提出的两种风险管理模式,企业集团可以根据实际情况选择其中一种,对集团的大数据进行标准化或优化。

具体而言:(1)对 KRP 系统覆盖范围广,结构化数据占绝大多数的企业集团,可以通过建立 ERP 之间的"数据接口",将标准不一的结构化数据转换到统一标准的分析平台上进行分析;(2)对未统一实施 EKP 系统或实施范围小、非结构数据居多的企业集团,也可以通过建立大数据分析平台(如 Hadoop),构建数据模型,运用数据分析技术直接对原始数据进行分析。

(三)打造专业团队,开展大数据分析

企业集团要让数据发挥价值,开展数据分析工作是核心。要确保这项核心工作落地,不仅需要建立专门的数据分析团队,还要聘用统计学家和数据分析家组织数据分析和价值挖掘。因为相比行业专家和技术专家,数据分析家不受旧观念的影响,能够聆听数据发出的声音,更好地分辨数据中的"信号"和"噪声"。

具体而言,要打造大数据团队,一方面需要聘请从事统计建模、文本挖掘和情感分析的专业人员,另一方面要吸收财务部门中善于研究、分析和解读数据的"潜力股"人才。更重要的是,要培育重视数据分析的企业文化,大数据团队的价值才能在企业中得以实现。

(四)实现分析结果的便捷化和可视化,辅助管理者进行决策

若要运用大数据的分析结构辅助决策,就要让企业管理者能够轻松了解、使用和查询数据,因此大数据平台面向最终用户的界面还需要提供简单易上手的"使用接口"。这类"使用接口"不仅要具备数据搜索功能,还要能够通过图表等可视化的方式快速呈现分析结果,只有这样才可以帮助企业管理者清晰地了解企业运营的情况,高效地辅助管理者进行数据化决策。

第三节　财务风险预警和管理的新途径

一、大数据在企业财务风险预警和管理中的重要作用

对于当前我国很多企业财务风险预警工作来说，都已经正在逐步地涉猎大数据的使用，所谓的大数据就是指采用各种方法和手段来大范围地调查各种相关信息，然后合理地应用这些信息来促使其相应的调查结果更为准确可靠，尽可能地避免一些随机误差问题的产生。具体到企业财务风险预警工作来看，其对于大数据的使用同样具备着较强的应用价值，具体分析来看，其应用的重要性主要体现在以下几个方面。

（1）大数据在企业财务风险预警中的应用能够较好地完善和弥补以往所用方式中的一些缺点和不足。对于以往我国各个企业常用的财务风险预警方式来说，主要就是依赖于专业的企业财务人员来进行相应的控制和管理。虽然说这些企业财务管理人员在具体的财务管理方面确实具备着较强的能力，经验也足够丰富，但是在具体的风险预警效果上却存在着较为明显的问题。这些问题的出现一方面是因为企业财务管理人员的数量比较少，而对于具体的风险来说又是比较复杂的，因此便会出现一些错误；另一方面则是企业财务管理人员可能存在一些徇私舞弊或者是违规操作等问题，进而对相应的风险预警效果产生较大的影响和干扰。

（2）大数据自身的优势也是其应用的必要体现。对于大数据在企业财务风险预警中的应用来说，其自身的一些优势也是极为重要的，尤其是在信息的丰富性上更是其他任何一种方式所不具备的，其所包含的信息量是比较大的，能够促使其相应的结果更接近于真实结果，进而也就能够更好地提升其应用的效果。

二、基于大数据的企业财务风险预警和管理

在企业财务风险预警工作中，恰当地应用大数据模式确实具备较为理想的效果，具体分析来看，在企业财务风险预警和管理中这种大数据的使用主要应该围绕着以下两个步骤来展开。

（一）大数据的获取

要想切实提升企业财务风险预警工作中大数据的应用价值，首先应该针对相应的大数据获取进行严格的控制和把关，尤其是对于大数据获取的方式进行恰当的选取。一般来说，大数据模式的采用都要求其具备较为丰富的数据信息量，因此，为了较好的获取这种丰富

的信息数量，就应该重点针对其相对应的方式进行恰当选取。在当前的大数据获取中，一般都是采用依托于互联网的形式进行的，尤其是随着我国网民数量的不断增加，其可供获取的数据信息资源也越来越多，在具体的网络应用中，便可以在网络系统上构建一个完善的信息搜集平台，然后吸引大量的网络用户参与到这一信息收集过程中来，只要是能够和该调查信息相关的内容都应该进行恰当的收集和获取，通过这种方式就能够较大程度上获取大量的信息资源。此外，这种依托于网络的大数据获取模式，还具备较好的真实性，因为其调查过程中并不是实名制的，就给了很多具体相关人员说实话的机会，也就能够促使相对应的企业财务风险预警工作更为准确。

（二）大数据的分析和应用

在大量的数据信息资源被搜集获取之后，还应该针对这些大数据进行必要的分析和处理，经过了处理之后的数据才能够更好地反映出我们所需要的一些指标信息，这一点对于企业财务风险预警工作来说更是极为关键。具体来说，这种大数据的分析和处理主要涉及以下几个方面：

（1）针对数据信息中的重复信息和无关信息进行清除，进而也就能够缩小信息数量，这一点相对于大数据来说是极为重要的，因为一般来说调查到的数据信息资源是比较多的，这种数量较大的数据信息资源必然就会给相应的分析工作带来较大的挑战，因此，先剔除这些信息就显得极为必要。

（2）研究变量，对于具体的企业财务风险预警工作来说，最为关键的就是应该针对相应的指标和变量进行研究，这些指标和变量才是整个企业财务风险预警工作的核心所在，具体来说，这种变量的研究主要就是确定相应的预警指标，然后针对模型算法进行恰当的选取。

三、大数据时代对财务风险理论的影响

过去财务核心能力包括财务决策、组织、控制和协调，如果这些能力能够超过竞争对手的话，企业就会在竞争中具有绝对的优势。但是随着时间的推移，目前企业环境的多变性和不稳定性加剧了企业之间的竞争，企业除了具备上述的能力外，还需要拥有很强的识别能力以及对风险的预知能力。因此，现在的财务风险防范胜于防治，做好财务风险的预警和控制就成了当今企业的重要处理对象。

财务风险管理者对大数据分析方法的研究应聚焦于基于大数据的商务分析，以实现商务管理中的实时性决策方法和持续学习能力。传统的数据挖掘和商务智能研究主要侧重于历史数据的分析，面对大数据的大机遇，企业需要实时地对数据进行分析处理，帮助企业获得实时商业洞察。例如，在大数据时代，企业对市场关键业绩指标（KPI）可以进行实时性的监控和预警，及时发现问题，做出最快的调整，同时构建新型财务预警机制，及时

规避市场风险。

企业所面对的数据范围越来越宽、数据之间的因果关系链更完整，财务管理者可以在数据分析过程中更全面地了解到公司的运行现状及可能存在的问题，及时评价公司的财务状况和经营成果，预测当前的经营模式是否可持续、潜藏哪些危机，为集团决策提供解决问题的方向和线索。与此同时，财务管理者还要对数据的合理性、可靠性和科学性进行质量筛选，及时发现数据质量方面存在的问题，避免因采集数据质量不佳导致做出错误的选择。

（一）传统的财务风险及预警

公司所面临的风险主要涉及商业风险和财务风险，以及不利结果导致的损失。商业风险是由于预期商业环境可能恶化（或好转）而使公司利润或财务状况不确定的风险；财务风险是指公司未来的财务状况不确定而产生的利润或财富方面的风险，主要包括外汇风险、利率风险、信贷风险、负债风险、现金流风险等。一个有过量交易的公司可能是一个现金流风险较高的公司。对库存、应收款和设备的过分投资导致现金花光（现金流变成负的）或贸易应付款增加。因此，过量交易是一种与现金流风险和信贷风险有关的风险。对风险的识别与防控无疑是企业财务管理的核心与灵魂。财务理论中有关风险的核心观点与内容应该包括如下内容。

（1）财务理论中所指的"风险"主要来源于数理分析中的"风险性和不确定性"事件。虽然有时候财务理论也强调"风险性"和"不确定性"之间的差异，但是在"主观概率的"引导下，几乎把"风险性"与"不确定性"等同起来看待。

（2）财务理论大多关注如何"减低"企业流动性风险（偿付能力）等具体的风险。

（3）在风险防范的对策方面，财务理论所提供的解决方法，一是对资本结构进行适当水平的动态调整，二是结合证券投资理念中的投资组合思想。

巴菲特认为，学术界对风险的定义存有本质错误，风险应指"损失或损害的可能性"，而不是贝塔值衡量的价格波动性，用贝塔值衡量风险精确但不正确，贝塔值无法衡量企业之间内在经营风险的巨大差异。显然，这样的财务管理理论在风险与风险管理理念、内容和技术方面均存在缺陷，仅从数理角度去表达、计算以及探索风险防范。

（二）企业财务风险管理理论重构

在大数据时代，财务风险管理理论需要在多方面进行重构。

第一，财务风险概念重构。财务风险是一个多视角、多元化、多层次的综合性概念。一个现实的、理性的财务风险研究理论应该是在对风险要素、风险成因、风险现象等不同财务风险层次的理解和研究的基础上形成的。

第二，风险防控对策重构，要特别关注各类风险的组合和匹配。如 Ghemawat（1993）指出，当经济处于低迷期，企业需要在投资导致财务危机的风险与不投资带来竞争地位的损失之间进行权衡。当经济处于萧条期，如果企业过度强调投资带来的财务风险，那将以承受不投资导致竞争地位下降的风险为代价。因此，企业需要根据对经济环境的判断，平衡投资财务风险和投资竞争风险。

第三，风险评估系统重构。企业应降低对防范风险金融工具的依赖。大数据背景下的财务管理理论应以实用为原则，围绕如何建立更加有效的评估企业经营风险状况的预警系统进行深入探讨，良好的风险预测能力是防范风险的利器。

对企业经营风险的控制，需要企业开发基于大数据、能够进行多维度情景预测的模型。预测模型可以用于测试新产品、新兴市场、企业并购的投资风险。预测模型将预测分析学和统计建模、数据挖掘等技术结合，利用它们来评估潜在威胁与风险，以达到控制项目风险的目的。例如，万达集团基于大数据的预测模型，既是预算管控的最佳工具，也是风险评估与预防的有效平台。

（三）在信贷风险分析中的应用前景

以2008年的美国金融危机为例，这次危机肇始于房地产抵押贷款，雷曼兄弟、房利美、房地美、美林和贝尔斯登等财团相继破产或并购，倘若事前已经建立大数据风险模型，及时对金融行业的系统性风险及其宏观压力进行测试，这场波及全球的金融危机或许能够避免，至少可以避免房贷风险溢出而放大多米诺骨牌效应。

倘若2008年以前华尔街就建立了大数据财务风险模型，雷曼兄弟等财团能正确地对客户群进行预风险分析，倘若美联储和美国财政部早些时候能关注宏观经济流量和金融市场变量的风险，及早利用大数据分析技术制定金融危机预案，切断风险传递，危机就不会严重冲击全球经济。

综上所述，作为集团公司要建立风险防控机制，通过大数据风险预测模型分析诊断，及时规避市场风险，最大限度地减少经济损失。信贷风险是长期困扰商业银行的难题，无论信贷手册如何详尽，监管措施如何到位，信贷员如何尽职仍难以规避坏账的困扰，大的违约事件仍层出不穷。准确和有价值的大数据信息为银行的信贷审批与决策提供了新的视角和工具管理，信贷风险的难点在于提前获得企业出事的预警。

以前，银行重视的是信用分析，从财务报表到管理层表现，依据历史数据，从历史推测未来。自从社交媒体问世后，包括微信、微博在内的社交网站以及搜索引擎、物联网和电子商务等平台为信贷分析提供了一个新维度，将人们之间的人脉关系、情绪、兴趣爱好、购物习惯等生活模式以及经历一网打尽，为银行提供非常有价值的参考信息。银行凭借这些更加准确和具有厚度的数据完成对客户的信用分析，并根据变化情况相应调整客户评级，做出风险预判。这样一来，信贷决策的依据不再是滞后的历史数据和束缚手脚的条条框框，而参考的是变化中的数据。信贷管理从被动变为主动，从消极变为积极，信用分析方面从僵化的财务报表发展到对人的行为分析，大数据为信贷审批与管理开创了全新的模式。

第四节　大数据帮助企业建立风险管理体系

一、大数据下的企业风险管理

风险是指企业在各项财务活动中，由于各种难以预料或无法控制的因素，使企业实际收益与预计收益发生偏离的一种可能性。鉴于财务的谨慎性原则，提到风险人们一般最先想到的是损失与失败。风险管理是现代企业财务管理的重要内容，企业风险的复杂性日益提高，不确定性将成为企业必须面对的一种常态。经济波动、资源紧张以及政治和社会变动都对企业构成不确定、不稳定的经营环境，而研发失败、营销不力、人事变动等内部风险亦不可避免。风险管理和内部控制紧密相连，智能化风险管理系统对企业各项业务进行监控、指标检测及预警、压力测试，并可针对各类风险事件进行处理，实现事前、事中的风险控制及事后的管理监测。

同时，大数据还增强了企业风险管理的洞察力和前瞻性。内部控制是指企业为了确保战略目标的实现，提高经营管理效率，保证信息质量真实可靠，保护资产安全完整，促进法律、法规有效遵循，而由企业董事会、管理层和全体员工共同实施的权责明确、制衡有力、动态改进的管理过程。内部控制是一个不断发展、变化、完善的过程，它由各个阶层的人员来共同实施，在形式上表现为一整套相互监督、相互制约、彼此联结的控制方法、措施和程序，这些控制方法、措施和程序有助于及时识别和处理风险，促进企业实现战略发展目标，提高经营管理水平、信息报告质量、资产管理水平和法律遵循能力。内部控制的真正实现还需管理层人员真抓实干，防止串通舞弊。

大数据时代下，企业面临着纷繁复杂的数据流，数据的有效运用成了企业的一种竞争实力。数据集成是通过各种手段和工具将已有的数据集合起来，按照一定的逻辑关系对这些数据进行统一的规划和组织，如建立各种数据仓库或虚拟数据库，实现数据资源的有效共享。随着分布式系统和网络环境的日益普及，大量的异构数据源被分散在各个网络节点中，而它们之间往往是相互独立的。为了使这些孤立的数据能够更好地联系起来，迫切地需要建立一个公共的集成环境，提供一个统一的、透明的访问界面。

数据集成所要解决的问题是把位于不同的异构信息源上的数据合并起来，以便提供这些数据的统一查询、检索和利用。数据集成屏蔽了各种异构数据间的差异，通过集成系统进行统一操作。企业要根据数据驱动的决策方式进行决策，这将大大提高企业决策的科学性和合理性，有利于提高企业的决策和洞察的正确性，进一步为企业的发展带来更多的机会。内部环境是企业实施内部控制的基础，包括企业治理结构、机构设置及权责分配、内部审计、人力资源政策、企业文化等内容。

二、大数据在企业建立风险管理体系中的作用

（一）运用大数据推动企业内控环境的优化

1.通过大数据推动内控环境的有机协调

企业董事会、监事会、审计部、人力资源部等组织分立，职责区分，相互制衡，有助于内控目标的实现，但也容易产生纵向、横向的壁垒与相互协作上的障碍。而在内外部数据可得与技术可行的情况下，大数据有助于推动内控环境各环节、各层次之间的信息共享与相互透明化，从而推动内控环境内部的有机协调，提升内部控制的效果。

2. 通过大数据来准确衡量内控环境的有效性

如对企业文化的评估，是内部环境的重要环节，但企业文化又属隐性的。如果能够通过对社交网络、移动平台等大数据的整合，将员工的情绪、情感、偏好等主观因素数据化、可视化，那么企业文化这种主观性的东西也就变得可以测量。

3. 通过大数据来增加内控环境的弹性

如在机构设置方面，一家企业创建怎样的组织结构模式才合适，没有一个标准答案。而在基于大数据分析的企业中，企业的人工智能中枢或者计算中心有望从企业的战略目标出发，根据企业内外部竞争环境的变化，对组织机构做出因时而动的调整。

（二）运用大数据提高风险评估的准确度

风险评估是企业内部控制的关键工作，及时识别、系统分析经营活动中相关的风险，合理确定风险应对策略，对于确保企业发展战略的实现，有着重要的意义。来自企业内部管理、业务运营、外部环境等方面的大数据，对于提高风险评估的准确度，会有明显的帮助。一些银行已经用大数据更加准确地度量客户的信用状况，为授信与放贷服务提供支持；又如一些保险公司也在尝试将大数据用于精算，以得出更加准确的保险费率。以此为启发，企业可将大数据广泛运用到内部风险与外部风险评估的各个环节。如在内部风险评估上，可利用大数据对董事、监事以及其他高管管理人员的偏好能力等主观性因素进行更加到位的把握，从而避免管理失当的风险，也可将大数据用于对研发风险的准确评估。在外部风险识别上，大数据对于识别政策走向、产业动向、客户行为等风险因素也会有很好的帮助。例如，招商银行是中国的第六大商业银行，而 Teradata 是一家处于全球领先地位的企业级数据仓库解决方案提供商，在中国有数百家合作伙伴。Teradata 公司针对招商银行庞大客户群的海量客户数据，为其提供了智能数据分析技术服务，用于升级数据仓库管理系统。除此以外，Teradata 还监控并记录客户在 ATM 机上的操作，通过这种方法了解并分析客户的行为，能够有效预防借助 ATM 机实施的违法行为。

（三）运用大数据增强控制活动

1. 大数据为控制活动的智能化提供了可能

内部控制活动包括不相容职务分离控制、授权审批控制、会计系统控制、财产保护控制、预算控制、运营分析控制和绩效考评控制等。大数据可以通过以下途径增强控制活动的效果。基于各种管理软件和现代信息技术的自动化企业管理，在企业管理中早有应用。在大数据时代，海量、种类繁多、实时性强的数据进一步为智能化企业管理提供了可能。谷歌、微软、百度等都在以大数据为基础，开发其人工智能。有研究指出，机器人当老板，员工会更听话。机器人并非是万能的，但在智能化的企业内控模式下，控制活动的人为失误将得到明显的降低，内控的成效也会得到很好的提升。随着大数据在集团战略地位的日益提高，阿里巴巴集团旗下的淘宝平台开始推出多种商业大数据业务。阿里信用贷款基于采集到的海量用户数据，阿里金融数据团队设计了用户评价体系模型，该模型整合了成交数额、用户信用记录等结构化数据和用户评论等非结构化数据，加上从外部搜集的银行信贷、用电量等数据，根据该评价体系，阿里金融可得出放贷与否和具体的放贷额度的精准决策，其贷款不良率仅为 0.78%。阿里通过掌握的企业交易数据，借助大数据技术自动分析判定是否给予企业贷款，全程不会出现人工干预。

2. 大数据提高了控制活动的灵活性

财务战略管理制定实施中，必须对所有的因素和管理对象进行全面的考虑，细致到企业采购、合同签订、物资验收、资源保管、资金使用、报销、报废等多方面，只有全面的考虑才能使企业财务战略管理职能得到最大限度的发挥，才能将风险降到最低。风险是企业日常运营及生产的最大隐患，重大的财务风险直接影响着企业的生存。全面的考虑能够强化财务战略管理的风险控制功能，使企业处于良性运作中。控制活动的目的是降低风险，最终为企业发展服务，因此，关于内控活动的各项制度、大数据与企业内部控制机制与措施需要避免管理教条主义的陷阱。在控制活动全方位数据化的条件下，企业可根据对控制措施、控制技术、控制效果等各类别大数据的适时分析、实验，及时地发现问题并进行完善，从而提高管理成效。沃尔玛、家乐福、麦当劳等知名企业的一些主要门店均安装了搜集运营数据的装置，用于跟踪客户互动、店内客流和预订情况，研究人员可以对菜单变化、餐厅设计以及顾客意见等对物流和销售额的影响进行建模。这些企业可以将数据与交易记录结合，并利用大数据工具展开分析，从而在销售哪些商品、如何摆放货品，以及何时调整售价方面给出意见，此类方法已经帮助企业减少了 17% 的存货，同时增加了高利润自有品牌商品的比例。

3. 大数据分析本身即可作为一种重要的控制活动

大数据可以提高企业运营与管理各方面的数据透明度，从而使得控制主体能够提高对企业各种风险与问题的识别能力，进而提高内控成效。目前，商业银行已开始逐步利用数据挖掘等相关技术进行客户价值挖掘、风险评估等方面的尝试应用。尤其是在零售电子商务业务方面，由于存在着海量数据以及客户网络行为表现信息，因此可以利用相关技术进行深度分析。通过分析所有电子商务客户的网银应用记录及交易平台的具体表现，可以将客户分为消费交易型、资金需求型以及投资进取型客户，并能够根据不同分组客户的具体表现特征，为以后的精准化产品研发、定向营销，以及动态风险监控关键指标等工作提供依据。虽然商业银行在零售业务领域存储了大量数据，但由于以往存储介质多样化、存储特征不规范等原因，数据缺失较为严重，整合存在较大难度，造成部分具有较高价值的变量无法利用。同时，大数据时代的数据包含方方面面的属性信息，可以理解为"信息即数据"。因此，商业银行除了要积累各种传统意义上的经营交易数据外，还要重视其他类型的非结构化数据积累，如网点交易记录、电子渠道交易记录、网页浏览记录、外部数据等，都应得到有效的采集、积累和应用，打造商业银行大数据技术应用的核心竞争力。

（四）大数据变革了信息传递与沟通方式

信息与沟通是企业进行内部控制的生命线，如关于企业战略与目标的信息、关于风险评估与判断的信息、关于控制活动中的反馈信息等。没有这些信息的传递与沟通，预测、控制与监督的内控循环就没办法形成。企业运营中的信息与沟通，经历了从纸面报告、报表、图片等资料到计算机时代信息化平台的变迁。这一过程中企业信息的数量、传递与分析技术，得到了重大的提升。当前的大数据时代，企业在信息与沟通上又迎来了一个革命性的变化。

企业把云计算应用于会计信息系统，可助推企业信息化建设，减少企业整体投入，从而降低企业会计信息化的门槛和风险。用户将各种数据通过网络保存在远端的云存储平台上，利用计算资源能更方便快捷地进行财务应用部署，动态地调整企业会计软件资源，满足企业远程报账、报告、审计和纳税功能的需要。

云计算在具体使用中还要解决会计数据隐私保护及信息安全性问题，克服用户传统观念和使用习惯，打破网络带宽传输速度的瓶颈，避免频繁的数据存取和海量的数据交换造成的数据延时和网络拥塞。为更好地配套支持企业会计准则的执行，满足信息使用者尝试分析的需求，会计司推进了可扩展商业报告语言（XBRL）的分类标准建设，使计算机能够自动识别、处理会计信息。

随着《企业内部控制基本规范》的发布，企业在实施信息化过程中，要考虑如何将各种控制过程嵌入业务流和信息流中。为了确保和审查内部控制制度的有效执行，必须加强信息化内控的审计点设置，开展对会计信息系统及其内控制度的审计，将企业管理系统和业务执行系统融为一体，对业务处理和信息处理进行集成，使会计信息系统由部门级系统升级为企业级系统，以最终达到安全、可靠、有效的应用。会计信息化除了需要建立健全的信息控制系统，保证信息系统的控制及有效执行外，还要通过审计活动审查与评价信息系统的内部控制建设及其执行情况，通过审计活动来发现信息系统本身及其控制环节的不足，以便及时改进与完善。

对于企业来说，来自 OA、ERP、物联网等内部信息化平台的大数据，来自传统互联网、移动互联网、外部物联网等的大数据，将使企业置身于一个不断膨胀的数据海洋。对于企业来说，大数据的革命可以为企业带来智能化的内部控制，也可以让管理者准确把握每一位员工的情感。大数据使企业内控进入一个全新的境界。对于很多金融服务机构来说，爆炸式增长的客户数据是一个亟待开发的资源。数据中所蕴藏的无限信息若以先进的分析技术加以利用，将转化为极具价值的洞察力，能够帮助金融企业执行实时风险管理，成为金融企业的强大保护盾，保证金融企业的正常运营。

与此同时，大数据也推动着商业智能的发展，使之进入消费智能时代。金融企业风险管理能力的重要性日渐彰显。抵押公司、零售银行、投资银行、保险公司、对冲基金和其他机构对风险管理系统和实践的改进已迫在眉睫。要提高风险管理实践，行业监管机构和金融企业管理人员需要了解最为微小的交易中涵盖的实时综合风险信息；投资银行需要知道每次衍生产品交易对总体风险的影响；而零售银行需要对信用卡、贷款、抵押等产品的客户级风险进行综合评估。这些微小信息会引发较大的数据量。金融企业可以利用大数据分析平台，实现以下分析，从而进行风险管理。

（1）自下而上的风险分析，分析 ACH 交易、信贷支付交易，以获取反映压力、违约或积极发展机会。

（2）业务联系和欺诈分析，为业务交易引入信用卡和借记卡数据，以辨别欺诈交易。

（3）跨账户参考分析，分析 ACH 交易的文本材料（工资存款、资产购买），以发现更多营销机会。

（4）事件式营销，将改变生活的事件（换工作、改变婚姻状况、置房等）视为营销机会。

（5）交易对手网络风险分析，了解证券和交易对手间的风险概况和联系。

（五）大数据为企业内部监督提供了有力支撑

大数据从时代，人们仅仅关注数据规模，而忽视了数据之间的联系。在复式记账法下，每一笔凭证都有借贷双方，这就使得会计科目、会计账户、会计报表之间有着密切的勾稽关系。会计电算化的出现避免了手工记账借贷双方不平的风险，但在会计科目的使用规范、会计报表数据的质量校验等方面难有作为。对于中小企业来说，对会计报表的数据错误进行事后更正比较容易，但对于存在大量财务报表合并的集团企业，会计核算不规范将给财务人员带来较大的困扰。在大数据时代下，企业的核算规范和报表之间的勾稽关系将作为财务数据的校验规则纳入财务系统，对企业会计核算规范的执行和报表数据质量进行实时控制，这样就能实现企业月结报表合并的顺利执行，真正实现敏捷财务。

当前国外 SAP 公司的企业财务报表合并系统 BCS 已经能够对企业财务报表的勾稽关系进行强制检查，对于不能通过检查的报表，合并将无法继续。下属单位财务人员需要不断地去调整自己的凭证，以满足上报标准，完成月结，经过这样不断的磨合调整，集团整体的核算规范才能得到落实。但这样的方法仍然是一种事后控制，需要耗费大量的人力、精力，且公司人事变动对月结速度影响极大，如果将风险控制在做账环节则更有益于财务管理的提升。在上文提到的原始凭证"数据化"实现之后，我们可以通过对企业原始凭证种类的梳理，按照不同的业务内容对"数据化"原始凭证进行标记，财务系统会对原始凭证进行识别后，限制此类原始凭证可以使用的会计科目，从而进一步降低风险。

对企业内部控制环境、风险评估、控制活动、信息与沟通等组成要素进行监督，建立企业内控有效性或效果的评价机制，对于完善内部控制有着重要意义。在这种内控的监督过程中，大数据至少可以提供两方面的帮助。其一，大数据有助于适时的内控监督。大数据的显著特点之一是其数据流、非结构化数据的适时性，在大数据技术下，企业可以适时采集来自内部信息化平台、互联网、物联网等渠道的大量数据信息，以此为基础，对内部控制效果的适时评价就成为可能，定期报告式监督的时效缺陷就可以得到弥补。其二，大数据还有助于全面的内控监督。大数据另一个显著特点是总体数据的可得性与可分析性，传统审计中所进行的抽样评估的缺陷，在大数据下可以得到避免。基于这种技术的内部控制评价，将更为客观、全面。

（六）大数据增加了企业对财务风险的预警能力

财务预警是以企业的财务会计信息为基础，通过设置并观察一些敏感性财务指标的变化，而对企业可能面临的财务危机实现预测预报或实时监控的财务系统。它不是企业财务管理中的一个孤立系统，是风险控制的一种形式，与整个企业的命运息息相关，其基本功能包括监测功能、诊断功能、控制功能和预防功能。

目前，财务危机风险预警是一个世界性的问题和难题。从 20 世纪 30 年代开始，比较有影响的财务预警方法已经有十几种，但这些方法在经济危机中能够真正预测企业财务风险的却很少。究其原因，大多数模型中，财务指标是主要的预测依据。但财务指标往往只是财务发生危机的一种表现形式，还有滞后反应性、不完全性和主观性。更为严重的是基于财务指标的预警模型建立过程中，学者们往往都假设财务数据是真实可靠的，但这种假设忽略了财务预警活动的社会学规律，为财务预警模型与现实应用的脱节埋下了伏笔。许多学者建立了结合非财务指标的模型，但所加入的能够起到作用的非财务指标都是依靠试错方法引入的，即都是在危机发生之后，才能够使指标得以确认以及引入模型，下一次经济危机的类型不同，之前建立的财务预警模型便会无法预测甚至可能发生误导。因此，靠试错引入的非财务指标具有一定的片面性，忽视了这些指标间的相互作用和相互关系，无法顾及这些指标是否对所有企业具有普遍适用性。

大数据信息比以往通过公司公告、调查、谈话等方式获得的信息更为客观和全面，而且这些信息中可以囊括企业在社会网络中的嵌入性影响。在社会环境中，企业存在的基础在于相关者的认可，这些相关者包括顾客、投资者、供应链伙伴、政府等。考虑到企业的经营行为，或者企业关联方的动作都会使企业的相关者产生反应，进而影响到网络上的相关信息。因此，我们可以把所有网民看作企业分布在网络上的"传感器"，这些"传感器"有的反映企业的内部运作状态，有的反映企业所处的整体市场环境，有的反映企业相关方的运行状态等。大数据企业财务预警系统不排斥财务报告上的传统指标，相反，传统的财务指标应该属于大数据的一部分。

互联网上网民对企业的相关行为，包含线下的人们和企业的接触而产生对企业的反应，这些反应由于人们在社会网络中角色的不同，涵盖了诸如顾客对产品的满意度、投资方的态度、政策导向等各种可能的情况。起到企业"传感器"作用的网民，由于在线下和企业有着各种各样的角色关系。这些角色和企业的相互作用会产生不同的反应，从而刺激这些角色对企业产生不同的情绪。群体的情绪通过映射到互联网，才使这些信息能够被保存下来并被我们获取，这些不同的情绪经过网络上交互过程中的聚集、排斥和融合作用，最后会产生集体智慧，这些群体智慧能反映企业的某种状态。

在实证研究过程中，相关学者利用聚焦网络爬虫，收集了从 2009 年 1 月 1 日到 2013 年 12 月 31 日的关于 60 家企业的所有相关全网网络数据，包括新闻、博客、论坛等信息，经过在线过滤删除，最终获得有效信息共 7 000 万余条。来自网络的上市公司相关大数据主要是非结构化的文本信息，而且包含大量重复信息。为了验证大数据反映的相关情绪能够有效提高财务风险预警模型的性能，首先要把这些信息进行数值化处理，过滤掉大量无效数据，并且进行基于财经领域词典的文本情绪倾向计算。同时对相关上市公司的有效信息进行频次统计，以便验证大数据有效信息频次对财务风险预警模型的影响。通过与财务指标的结合，对研究假设进行实际数据验证，发现引入大数据指标的财务预警模型，相对财务指标预警模型，在短期内对预测效果有一定提高。从长期来看，对预测效果有明显提高。大数据指标在误警率和漏警率上比财务指标表现明显要好，从而验证了在复杂社会环境中，依靠大数据技术加强信息搜寻是提高财务预警有效性的重要路径这一观点。

三、商业银行运用大数据评价电子商务风险的案例

随着互联网、移动通信技术的逐步应用，对人们的生活、生产方式带来了强烈的冲击。电子商务、移动互联网、物联网等信息技术和商业模式的兴起，使社会数据量呈现爆炸式增长。因此，采用大数据技术，可以有效解决信息不对称等问题，合理提高交易效率，降低交易成本，并从金融交易形式和金融体系结构两个层面改造金融业，对风险管控、精细化管理、服务创新等方面具有重要意义。与 21 世纪初互联网刚刚起步时仅将网上银行作为渠道经营不同，当前的互联网金融具有尊重客户体验、强调交互式营销、主张平台开放等新特点，且在运作模式上更强调互联网技术与金融核心业务的深度整合，风险管理技术与客户价值挖掘技术等进一步融合。而且，随着大数据分析思维的引入以及技术的逐步推广，通过个人客户网络行为产生的各种活动数据，可以较好地把握客户的行为习惯以及风险偏好等特征。因此，为了在大数据浪潮中把握趋势，可采用相关技术深入挖掘相关数据，

通过对客户消费行为模式以及事件关联性的分析，更加精确地掌握客户群体的行为模式，并据此进行零售电子商务风险评分模型设计，使其与客户之间的关系实现开放、交互和无缝接触，满足商业银行风险管理工作的精细化要求和标准，并为打造核心竞争力提供决策依据。

（一）电子商务风险评分模型的开发过程

电子商务风险评分模型的开发过程具体如下。

1. 进行相关业务数据分析和评估

此阶段是对内部电子商务企业数据和环境进行深入研究和分析，并对业务数据进行汇总检查，了解数据是否符合项目要求，并评估数据质量。

2. 基于相关建模方法进行模型设计

此阶段主要定义电子商务客户申请评分卡的目标和开发参数，如电子商务客户定义标准、排除标准，好／坏／不确定客户的定义，建模的观察窗口、表现窗口、抽样计划等。

3. 建模数据准备

此阶段根据详细的数据分析结果以及开发所需的数据，为模型开发进行数据提取和准备，主要进行业务数据及关键变量的推导、合并，生成建模样本中的每个账户的预测变量、汇总变量以及好／坏／不确定／排除标志。

4. 进行指标的细分分析

此阶段主要用来识别最优的群体细分，确定相关的建模备选变量，并在此基础上开发一系列的评分模型，使得整体评分模型体系的预测能力达到最大化。

5. 模型的确定和文档撰写

模型的确定和文档撰写包括最终模型的开发和最终标准的模型文档。在确定了建模的基础方案及各指标参数后，将采用统计学汇总及业务讨论等方法，对进入模型的每个变量产生一份特征变量分析报告，以评价各变量的表现情况。在此基础上，总结归纳变量的表现，并采用一定的方法，将账户的风险与评分结果建立起函数关系，构建体系性的评分卡模型。

6. 进行模型的验证

此阶段分为建模样本内验证和样本外验证。样本外验证又分为建模时点验证和最新时点验证两部分。验证的工作主要是进行评分卡工具在模型的区分能力、排序能力和稳定性方面的建议工作。

（二）构建特征变量库并进行模型框架设计

此阶段的主要工作如下。

第一，创建申请及企业信息数据集（备选变量库）。根据相关业务特征及风险管理的实践，大致可以从个人特征类变量、网络行为类变量、交易行为类变量、合同类变量、征信类变量等进行相关备选变量的构建和组合。

第二，利用决策树模型，进行客户群组细分。通过上述备选特征变量，利用决策树模型，最终将客户划分为投资进取型、个人消费交易型和小微企业资金需求型客户。其中，投资进取型主要为理财类、贵金属外汇等产品交易类客户，其更多的是利用电子商务平台和网络银行渠道进行投资活动，而对信贷资金的需求较小。个人消费交易型主要为信用卡消费、网上商城消费的个人消费者和汽车贷款、消费分期等个人消费类贷款网上申请客户。小微企业资金需求型主要为 B2B 和 B2C 类的小微企业客户。

第三，进行各客户群组特征变量的分析和筛选。通过对各客户群组特征变量的分析可以看出，不同的客户群体，其高度相关的特征变量具有较大的差异性。例如，对于投资进取型客户，其登录网银账号后的点击栏目与个人消费型客户具有明显的差异，且信用卡利用频率和额度使用率也存在较大差异。因此，可以通过此类方法，寻找出最具有客户特征的变量组。

第四，进行模型框架设计。通过对上述客户群体特征的归纳和总结，同时考虑相关数据的充分性和完整性，目前可针对个人消费交易型以及 B2B 和 B2C 类的小微企业客户等风险评分模型进行构建。

（三）实证研究结果

以 B2C 类个人消费交易型客户风险评分卡模型为例，以某商业银行电子商务业务发展规模较大的分行，基于 2009 年至 2012 年 12 月末的业务数据构建电子商务零售客户评分卡模型。同时，为合理扩大相关业务数据分析范围，涵盖与电子商务相关的信用卡业务、小微企业业务、个人消费贷款等线下产品的相关数据。实证结果表明，采用大数据挖掘构建的零售电子商务风险评分卡模型，不仅可以提高业务办理的效率，还可以全面衡量电子商务客户的相关风险。经过对单笔债项的测试，采用电子商务风险评分卡可以在几秒钟内进行风险识别和评判。

参考文献

[1] 曹翠珍，姚昱杉，贾毛毛.共享经济下"业财融合"的管理实践：以陕西移动公司为例[J].商业会计，2019，1.

[2] 曾璐生，李正治，刘丹.大数据对管理会计的影响[J].时代金融，2018，11.

[3] 陈计专.高职院校管理会计人才培养改革初探[J].现代企业，2019，9.

[4] 成晓婧，吴婷.高素质复合型会计专业人才培养模式的研究：以无锡太湖学院会计学专业为例[J].商业会计，2017（19）：122-123.

[5] 董红杰.大智移云时代财会类专业人才培养实践与探索[J].财会通信，2018（31）：40-42.

[6] 高凯丽，王晶晶，高山.业财融合背景下应用型会计人才培养模式研究[J].商业会计，2019，9.

[7] 宫义飞，李佳玲，李沛樾，等.智能财务时代下管理型会计人才培养路径选择[J].会计之友，2020（16）：44-50.

[8] 江小琴.大数据时代管理会计人才能力框架构建研究[J].中国注册会计师，2017（4）：33.

[9] 蒋淑玲.大数据背景下高职院校会计专业人才培养模式与思考[J].农村经济与科技，2019，12.

[10] 赖泳杏，罗力强，闭乐华.人工智能背景下财会类专业课程体系改革研究[J].教育现代化，2019，6（A3）：48-50.

[11] 李逸.基于大数据背景的高校学生创新能力培养探究[J].教育现代化，2020，7（53）：56-58+65.

[12] 廖艳.大数据背景下应用型会计人才培养的转型思考[J].中国乡镇企业会计，2018（1）：190-191.

[13] 刘春花.供给侧改革背景下会计专业人才培养模式研究[J].山东农业工程学院学报，2019（4）：58-59.

[14] 刘洋.大数据环境下会计信息管理专业人才培养探讨[J].纳税，2017（33）：12.

[15] 卢富昌.企业应用管理会计的机遇与挑战[J].财经界（学术版），2018，12.

[16] 梅建安."互联网+"环境下的高职会计专业实训教改分析[J].现代经济信息，

2016，（18）.

[17] 齐洁. 基于财务共享中心的会计转型与高职会计教育改革探讨 [J]. 商业会计，2017（23）：119-121.

[18] 税明慧. 新时代下会计职能转变：从财务会计到管理会计 [J]. 会计师，2019，6.

[19] 乌婷，乔引花. 大数据时代管理会计职业能力建设探讨 [J]. 会计之友，2017，19.

[20] 夏菁，周婉怡. 大数据背景下会计人才的全新培养模式思考 [J]. 财会月刊，2018（2）：126-130.

[21] 肖宏启，唐成永. 职业院校教师信息化教学现状调查及发展策略研究——以贵州省高职院校为样本 [J]. 教育教学论坛，2018（18）：96-98.

[22] 谢诗蕾. 探索信息化时代会计人才培养的转型之路 [J]. 财会月刊，2020（1）：81-85.

[23] 姚美娟，董必荣. "互联网+"时代下会计人才培养模式探究 [J]. 商业会计，2016，（6）.

[24] 张伟利. 人工智能对高职会计专业学生能力培养的影响研究 [J]. 中国商论，2019，2.

[25] 张亚鹏，张万旭. 浅析高职院校会计专业人才的培养 [J]. 中国乡镇企业会计，2017（9）：279-280.

[26] 郑河清. 高校膳食工作中信息化管理平台的构筑 [J]. 科技创新与应用，2019，1.

[27] 周蕊，吴杰. "互联网+"背景下会计学专业人才培养模式研究 [J]. 科技创业月刊，2015，28（24）.

[28] 周守亮，唐大鹏. 智能化时代会计教育的转型与发展 [J]. 会计研究，2019（12）：92-94.